智力发展与数学学习

（第二版）

林崇德　著

中国轻工业出版社

图书在版编目（CIP）数据

智力发展与数学学习/林崇德著. —2版. —北京：
中国轻工业出版社，2021.3
ISBN 978-7-5184-3372-8

Ⅰ. ①智… Ⅱ. ①林… Ⅲ. ①中小学生－智力
开发－关系－数学教学 Ⅳ. ①B848.5 ②G633.602

中国版本图书馆CIP数据核字（2021）第017627号

保留所有权利。非经中国轻工业出版社"万千教育"书面授权，任何人不得以任何方式（包括但不限于电子、机械、手工或其他尚未被发明或应用的技术手段）复印、拍照、扫描、录音、朗读、存储、发表本书中任何部分或本书全部内容。中国轻工业出版社"万千教育"未授权任何机构提供源自本书内容的电子文件阅览、收听或下载服务。如有此类非法行为，查实必究。

总 策 划：石　铁
策划编辑：吴　红　　　责任终审：滕炎福
责任编辑：吴　红　　　责任监印：刘志颖

出版发行：中国轻工业出版社（北京东长安街6号，邮编：100740）
印　　刷：三河市鑫金马印装有限公司
经　　销：各地新华书店
版　　次：2021年3月第2版第1次印刷
开　　本：787×1092　1/16　印张：17.75
字　　数：185千字
印　　数：1—3000
书　　号：ISBN 978-7-5184-3372-8　定价：58.00元
读者热线：010-65181109，65262933
发行电话：010-85119832　传真：010-85113293
网　　址：http://www.chlip.com.cn　http://www.wqedu.com
电子信箱：1012305542@qq.com
如发现图书残缺请拨打读者热线联系调换
200878Y1X201ZBW

前　言

　　1984 年，我在科学出版社出版了《智力发展与数学学习》一书。该书出版后第一年就印刷了 78000 册，并参加了德国的法兰克福书展。它还得到了我国不少心理学专家、数学教育专家、中小学教师和家长以及教育理论工作者的肯定。数学教育的老权威魏庚人先生从西安到北京师范大学开会期间，特地到我恩师朱智贤先生府上要走一本《智力发展与数学学习》，并说了很多鼓励的话。

　　40 多年来，我用这本书中的观点指导了我所主持的 26 个省、自治区和直辖市 3000 多个实验点的中小学生和幼儿心理能力发展与培养中的数学部分的实验，取得了一系列研究成果，并对实验学校的学生的智力和数学学习能力发展起到了一定的促进作用。迄今为止，仍有不少原先参与我主持的教育实验的高校数学教师邀请我去讲智力发展与数学学习观。

　　从 20 世纪 90 年代中期开始，我以《智力发展与数学学习》中的理念指导数学能力发展与培养方向的博士研究生，先后带出了章建跃、朱文芳、康武、连四清和赵继源等人。由于他们的数学天赋和原有的学术功底，加上勤奋，他们现在都成了相关单位数学教育方向的学术带头人。

　　2011 年中国轻工业出版社出版了《智力发展与数学学习》的修订版。2021 年中国轻工业出版社将再次出版《智力发展与数学学习》的最新修订版，除了感激，我还有一些感想。

　　学校教学的目的是什么？应该是教师在传授知识的同时发展学生的智能，也就是提高学生的智力，培养学生的能力。智力和能力的核心是什么？是思维。数学是人类思维的体操，数学学习离不开思维教学。我国新一轮课程改革提出了各学科的核心素养。数学的核心素养有哪些？有数学抽象、逻辑推理、数学建模、直观想象、数学运算、数据分析。这些正是以思维为核心的数学能力的精髓。

基于此，我认为有必要讨论关于思维的四个问题。

- 逻辑思维有几种？三种。包括：动作逻辑思维（实践思维），如数学操作技能；形象逻辑思维，如数学的直观或空间想象能力；抽象逻辑思维，如上述的数学抽象、逻辑推理和数学建模素养。
- 思维的第一特征是什么？概括。数学学习中强调的合并同类项就属于典型的概括。
- 如何提高学生的思维能力？可通过培养学生的思维品质或思维的智力品质。思维品质反映了智力个体差异的思维特质，主要包括：思维的深刻性，如通过逻辑性推导解决了数学问题；思维的灵活性，如数学学习中的一题多解；思维的独创性，如创造性地解答数学题；思维的批判性，如善于在数学学习中进行批判、质疑；思维的敏捷性，如正确而迅速地解答数学题。培养思维品质是发展学生智力与能力的突破口。
- 思维具有怎样的结构？它是由思维的目的、思维的过程、思维的材料、思维的品质、思维的监控和思维的非认知因素六种成分构成的系统。数学就是结构，数学学习就是要构建思维的系统。

上面讨论的关于思维的四个问题，是数学学习的核心问题，是增强数学兴趣、提升数学学习效率和获得数学能力的关键所在。《智力发展与数学学习》一书的特色就是讨论数学学习中的这四个思维问题。

本次修订，我在内容上做了较大的改动。一是删掉了"智力发展的数学化研究"和"数学能力发展研究案例"这两部分内容（即2011年版5篇中的第四篇和第五篇的内容）；二是在2011年版第一至三篇的基础上增加了我们团队的最新研究成果，特别是我们在中小学生智力发展与培养改革实验中的例子；三是在新版中进一步突出了我的智能观，这是经过30多年实验和实践考验的思维理论。

我希望新版不仅是一部学术著作，而且对我国中小学教师和幼儿园教师有一定的实践指导价值。为此在修订过程中，我对书中的理论部分做出了适当的调整，更新了很多材料，并增加了一些数学教育的案例，进一步体现理论联系实际的特征。

在新版的修订过程中，我们团队的胡清芬教授做了大量艰辛的工作，"万千教育"和"万千心理"总策划石铁先生与本书责任编辑吴红先生所花费的心血使我难以忘怀，于此，让我道一声"衷心感谢"。

林崇德
2020年12月6日

目 录

第一部分 智力的奥秘

第一章 智力的实质 ··· 3
 一、智力活动是一种心理活动 ······································ 3
 二、智力的定义、成分与层次 ······································ 5
 三、智力与知识、技能的关系 ····································· 13
 四、国际心理学界有关智力的主要观点 ························ 17

第二章 智力发展的规律与数学学习 ································· 27
 一、智力发展中先天与后天的关系 ······························ 27
 二、智力发展中内因与外因的关系 ······························ 35
 三、教育与智力发展的关系 ·· 40
 四、智力发展中年龄特征与个体特点的关系 ················· 45

第三章 智力与创造力 ·· 51
 一、创造性人才的特征与成长环境 ······························ 52
 二、创造性教育的实施与"T"型人才的培养模式 ············ 58
 三、通过创造性学习培养学生创造力的途径 ················· 64
 四、在数学教学中培养学生创造力的方法 ···················· 70

第二部分 数学是人类的思维体操

第四章 数学思维的完整结构 ·· 81
 一、思维的三棱结构 ·· 81
 二、数学整体性的修养 ··· 90

三、学生的数学能力是一个整体性的思维结构……………… 96
　　四、数学教学应从思维的整体性出发…………………………… 107

第五章　运算中学生思维能力的发展……………………………… 113
　　一、数学学习与学生概括能力的发展…………………………… 113
　　二、数学学习与学生空间想象能力的发展……………………… 120
　　三、数学学习与学生命题能力的发展…………………………… 125
　　四、数学学习与学生逻辑推理能力的发展……………………… 130

第六章　运算中学生智力品质的差异及其培养…………………… 139
　　一、运算中学生思维的深刻性及其培养………………………… 141
　　二、运算中学生思维的灵活性及其培养………………………… 145
　　三、运算中学生思维的创造性及其培养………………………… 150
　　四、运算中学生思维的批判性及其培养………………………… 155
　　五、运算中学生思维的敏捷性及其培养………………………… 157
　　六、研究学生思维品质的重要性………………………………… 160

第三部分　儿童青少年数学能力的发展

第七章　学前儿童运算思维能力与数学的早期教学……………… 165
　　一、0—6岁儿童思维特点与运算思维能力的发展概况………… 166
　　二、0—6岁儿童掌握数概念中思维活动水平的发展…………… 173
　　三、0—6岁儿童数学能力发展的近期研究……………………… 178
　　四、数学的早期教学……………………………………………… 182
　　五、从早期教育到早期数学教学………………………………… 186

第八章　小学生数学学习与智力发展……………………………… 193
　　一、小学生数学智力的发展……………………………………… 193
　　二、小学生数学能力发展的近期研究…………………………… 200
　　三、提高小学生解答应用题的能力……………………………… 205
　　四、从"虫食算"到思维训练题………………………………… 215

五、小学数学教学应注意的几点 …………………………… 224

第九章　中学生数学学习与智力发展 …………………………… 231
　　一、中学生数学智力的发展 …………………………………… 231
　　二、中学生数学能力发展的近期研究 ………………………… 239
　　三、重视智力成熟前数学能力的培养 ………………………… 240
　　四、引进一些现代数学，有助于中学生抽象思维的发展 …… 249
　　五、中学奥数与中学生的智力发展 …………………………… 256

参考文献 …………………………………………………………… 265

第一部分

智力的奥秘

随着科学技术和生产的发展，开发智力成为人们越来越关心的课题。人类所创造的一切物质、精神财富，都是人类在实践中智慧活动的结晶。智力是人类创造发明的主观能源和内在基础，因此人们越来越渴望探索它的奥秘。

其实，大家对智力并不陌生。我们说一个人"聪明"或"愚笨"，就是对他的智力的评价。当然，对智力的科学论述就不那么简单了。在国际学术界，较为有名的智力定义就达一百四五十种之多，可见问题的复杂性。

学生，尤其是青少年与儿童的数学学习，就是其智力活动。智力的核心成分是思维，而数学是思维的体操。著名数学家、东北师范大学原校长史宁中教授于2008年赠我其大作《数学思想概论（第1辑）——数量与数量关系的抽象》一书。他在"前言"第1页中写道："数学发展所依赖的思想在本质上有三个：抽象、推理、模型……"（史宁中，2008）这正是数学学习与智力活动相辅相成关系的形象阐述：数学学习必须以智力为基础；反过来，数学学习又促进了智力的发展。史宁中教授指出，数学思想，"其中抽象是最核心的。通过抽象，在现实生活中得到数学的概念和运算法则，通过推理得到数学的发展，然后通过模型建立数学与外部世界的联系"

（史宁中，2008）。正因为这样，2008年以来，他对每一个数学思想都进行了较为详细的讨论，出版了"数学思想概论"丛书（包括《数量与数量关系的抽象》《图形与图形关系的抽象》《数学中的演绎推理》《数学中的归纳推理》《自然界中的数学模型》，共5册）。

第一章　智力的实质

智力问题，主要是心理学问题，同时也和其他学科（如认识论、遗传学、神经生理学、教育学、逻辑学等）有密切联系。因此，心理学家应联系有关学科，从理论上和实践上对它进行探讨。探索智力的奥秘，必须要揭露其心理实质。

一、智力活动是一种心理活动

智力是一种心理现象。要搞清智力问题，必须先弄明白什么是心理现象。其实，在日常生活中，我们对心理现象也十分熟悉。我们经常接触周围的事物，注意或记住某件事情，思考各种问题，想象未来的情景等。这里的感觉、注意、记忆、思维、想象等都是心理现象，是我们认识客观世界的心理活动，这叫作认识过程；我们在认识客观事物的同时，还会引起各种情绪体验，如喜、怒、哀、乐等，这就是情感过程；我们在认识客观事物时，出于某种需要而提出目标、制订计划、克服困难，直至完成任务，其中就包含着意志过程。人的这些认识过程、情感过程和意志过程，都有一个产生、发展和完成的过程，统称为心理过程。

一个人在先天与后天的关系基础上，尤其是在社会生活条件和教育的影响下，会形成心理活动上的某些比较固定的特征。例如，有的人爱好文学艺术，有的人对数理化更感兴趣；有的人心怀世界、天下为公，有的人一切为己、自私自利。人的兴趣、爱好、动机、目的、理想、信念、愿望、价值观、人生观等，都是人的需要的表现形态，通常称为个性的意识倾向。

有的人活泼热情，有的人安静沉默；有的人性子急、脾气暴，有的人温柔可亲；有的人坚强勇敢，有的人怯懦畏缩；有的人办事果断，总是出色地完成任务，有的人优柔寡断，好事有时也办成坏事。这些是气质、性格、智力、能力的特征，通常叫作个性的心理特征。我们把人的个性意识倾向和个性心理特征的总和叫作个性（personality，又称人格）。通俗地讲，个性就是一个人的整体精神面貌。

实践活动中，人的心理过程和个性心理是各不相同的，它们不可分割地统一在人的活动中。个性心理通过心理过程而形成，并在心理过程中得到表现，同时又制约着心理过程。人的整个心理现象，就是对人的心理过程和个性而言的。

虽然大家对心理现象都很熟悉，但要正确解释它却并不容易。心理现象是脑的机能，是对客观现实的反映。所谓心理是脑的机能，就是说，人脑是心理活动的器官。没有脑就没有心理活动，脑受了损伤，心理活动就受到了严重的破坏，即使有完好的耳目，也可能变成全聋全瞎的人。心理是客观现实的反映，就是说，客观现实是心理的源泉。如果没有客观世界，就没有客观现实的印象，也就没有人的心理。心理来源于客观现实，反映客观现实，但人的心理反映是一种能动的反映。人的反映活动是人在社会实践中，在人的言语参与下进行的，因此人的心理、意识具有社会性和自觉能动性。心理、意识一旦形成，就能在人的活动中起调节、定向作用。人们根据自己对客观现实的认识（认知），通过自己的实践活动去改造客观现实。因此，人的心理在实践、活动中产生，同时又反作用于实践。

总之，人的心理活动，就其产生方式来说，是客观事物作用于人的大脑而产生的高级神经活动；就其内容来说，是人脑对作用于人的客观现实的能动反映，又以行为表现出来。

智力活动，就是心理活动的一种。

二、智力的定义、成分与层次

国内外学者对智力有不同的理解。我是从智力与能力的关系上来认识智力的。我认为,智力与能力不能绝对分开,它们既有一定的区别,又有很强的内在联系。

(一) 智力与能力的定义

智力与能力是成功地解决某种问题(或完成任务)所表现出的、具有良好适应性的个性心理特征。

怎样解释这个定义呢?

首先,智力与能力同属个性范畴,它们是个性心理特征。不论是心理学家还是伟人,都把智力与能力理解为个性的东西,说明其实质是个体的差异。

其次,智力与能力定义的第一个定语是"成功地解决某种问题(或完成任务)"。为什么要这么说呢?作为个性心理特征的智力与能力,与个性心理特征的另一些因素(如气质、性格等)有何区别呢?我认为,区别在于智力与能力的根本功能是成功地解决问题或完成任务。所以,在一定意义上,智力与能力的高低首先要看解决问题或完成任务的水平。在学校里,应培养学生分析问题与解决问题的能力,其道理就在这里。

最后,智力与能力定义的第二个定语是"良好适应性"。这出自智力与能力的任务,即主动积极地适应,使个体与环境取得协调,达到认识世界、改造世界的目的。皮亚杰(J. Piaget)始终坚持心理的机能是适应、智力是对环境的适应的思想。也就是说,智力与能力的本质就是适应,目的是使个体与环境取得平衡(皮亚杰,1981)。今天,这几乎已成为国际心理学界的共识。我国教育界不也在为某些毕业生走上社会时适应能力不强而大为感叹吗?这说明"良好适应性"在人们的心目中占据着重要地位。

怎样看待智力与能力的区别和联系？

智力与能力是有一定区别的。一般地说，智力偏于认识（认知），它解决的是知与不知的问题，是保证有效地认识客观事物的稳固心理特征的综合；能力偏于活动，它着重解决会与不会的问题，是保证顺利地进行实际活动的稳固心理特征的综合。但是，认识和活动总是统一的，认识离不开一定的活动基础，活动又必须有认识的参与。所以，智力与能力是一种互相制约、互为前提的交叉关系。

从国外的智力与能力观点来看，有人持"从属说"，认为智力从属于能力，是偏于认识的一种能力；有人持"包含说"，认为智力包含着诸如感觉、知觉、思维、记忆和注意等各种能力。我认为，智力与能力的交叉关系，既体现"从属"关系，又体现"包含"关系。教学的实质就在于认识和活动的统一，在教学中发展智力和培养能力是分不开的。我提出的数学教学中的"智能训练"，既包括智力的训练，又包括能力的训练。因为能力中有智力，智力中有能力。

智力与能力的总称叫智能。正因为智力与能力的联系如此密切，我国古代思想家一般把智与能看作既有区别又有联系，互相转化、共同提高的两个概念。例如，《吕氏春秋·审分》《九州春秋》《论衡·实知》等名篇中，均将两者结合起来称为"智能"，其实质都是把智力与能力结合起来作为考查人才的标志。

（二）智力的成分

智力的构成是一个完整的结构。它是由哪些成分组成的呢？一般来说，它包括言语、感知、记忆、想象、思维和操作技能等因素（见图1-1）。思维是智力的核心。

1. 言语

在日常生活中，"语言"和"言语"往往是通用的。但科学地说，"语言"和"言语"是两个不同的概念。两者既有联系，又有区别。语言是交际的工具，是一种社会历史现象，它是人民群众创造的，是随着社会的产

图 1-1 智力结构成分模型

生而产生、随着社会的发展而发展的。语言由声音（语音）、词汇和语法三个部分构成。语言在实现它的交际功能时，需要综合应用其三个构成部分。言语是指个体对语言的掌握和运用的过程，是一种心理现象。儿童在和成人交际过程中掌握言语，从而学会在言语中运用语言。言语是语言在交际过程中的运用，利用同一种语言，可以说出大量的、各种不同的言语。

语言的体系保存在多种多样的言语交际形式中，这种形式分为三类：①口头言语，即说出的言语、听到的言语。②书面言语，即书写的言语、看到的言语。口头言语和书面言语都是外部言语，都是能通过分析器官被别人感知的言语。③内部言语，即未发出声音的言语。隐蔽是内部言语的特点。在我们不出声地思考（思维）时，正是这种言语成为我们思想的物质外壳。这三类言语既可区分，又有密切联系。这三类言语的水平都是因人而异的，不同的言语能力水平，是个体"聪明"与"不太聪明"的具体表现。

2. 感知

我们眼睛看到的红、黄、蓝、白、黑等颜色，耳朵听到的高、低、强、弱不同的声音，身体的冷、热、痛、痒等感受，舌头尝到的甜、酸、苦、辣等味道，鼻子嗅到的香、臭、霉、腥等气味，都是人脑对事物的某些个别属性的认知，这叫作感觉。纵观自然，或万里晴空，或乌云密布；或波涛起伏，或风平浪静；或风景如画，或一叶孤舟。这些都是人脑产生的对事物的整体认知，这便是知觉。感觉、知觉有个能力问题，如视觉能力、听觉能力、运动觉能力等。特别是观察力，它是一种有意识的、有计划的、持久的知觉活动能力，是智力的组成部分。

感知能力因人而异。人们看同一块布，会看出不同的色彩，这反映了不同的辨色能力；同样听一次音乐，会听出不同的音色，这反映了不同的听觉能力。在这些感觉和知觉的过程中，显示出不同个体的"聪明"与"不太聪明"。

3. 记忆

记忆是我们对过去感知过或经验中发生过的事物的重新认知或再现。它的内容很广，可归纳为四种：游览颐和园之后，可以回想起万寿山的形象，这是表象的记忆；阅读一本书后，对抽象的概念、公式、法则的记忆，这是语词概念的记忆；回忆某个激动的情景时感到兴奋和鼓舞，这是情绪情感的记忆；去年学会了游泳，现在下水仍十分熟练，这是运动记忆。

记忆能力的个别差异也是很大的。例如，识记方法不一样，再认能力与回忆能力也不一样，记性的好坏，记忆速度的快慢，记忆的持久与牢固，记忆的正确程度等都因人而异。甲、乙两人初次见面后，隔数月重逢，可能甲一眼就认出了乙，乙却想不起甲是谁了；同看一部小说，有人可以头头是道地给别人讲述故事情节，有人可能连主人公的名字都忘了。这里，记忆能力的好坏，显示出因人而异的"聪明"与"不太聪明"。

4. 想象

我们不但能回忆起过去感知过的事物形象，而且能创造出过去从未感知过的事物形象。这就是在客观事物的影响下，在语言的调节下，人脑中已有的形象经过改造和结合而产生新形象的心理过程，这个过程就是想象过程。例如，少年儿童都爱听《西游记》的故事，都喜欢孙悟空。孙悟空就是"想象"中的人物。想象能力对人的实践活动起着重要作用，如果没有想象，人就不可能有所创新，不可能有任何的预见。

人与人之间的想象力也存在着差异，创造性的程度不一样，空间想象力不一样，现实性与预见程度也不一样。比如搞技术革新，有人善于利用原有机器设备，经过改造和革新而生产出新的机器来；有人则按部就班，不动脑筋，自然就不可能有什么革新与创造。不同的想象能力，显示出在革新中的"聪明"与"不太聪明"。

5. 思维

思维是人脑对事物本质和事物间规律性关系的认知，它以感知、记忆为基础，以已有知识为中介，借助言语而实现。思维属于理性认识，是智力的核心部分。思维之所以为理性的认识，主要是因为其有抽象和概括的过程，即思维是概括的反映。

抽象过程就是在思想上区别某种事物的本质属性或特征与非本质属性或特征，从而舍弃后者并抽取出前者。概括过程则是在思想上将许多具有某些共同特征的事物，或将某些事物已分出来的一般的、共同的属性或特征结合起来，把个别事物的本质属性推及为同类事物的本质属性的过程。这个过程也就是思维由个别通向一般的过程。概括是思维的第一特征。有一名中学生问数学教师："怎样才能提高数学能力？"教师不假思索地脱口而出："注意合并同类项。""合并同类项"就是概括能力的一种表现形式。

此外，平时我们所说的一个人的智力好坏，或者各种思维能力的高低，诸如分析能力、综合能力、命题判断能力、逻辑推理能力等，都是逻辑思维能力的表现。人类认识客观事物、学习基本知识、掌握基本规律、进行创造发明，都离不开思维能力。通过教学如何使下一代在短时间内接受前人的认识成果，避免重复历史的认识过程的漫长道路，既离不开思维的抽象与概括过程，也离不开逻辑思维能力。

人的抽象与概括水平、逻辑思维能力是不一样的。例如，在学校里，同一个班的学生，同做几道数学题，有的概念明确、判断正确、推理清晰，有的概念含混、判断错误、推理模糊。不同的抽象与概括水平、不同的思维能力，显示出不同学生的"聪明"与"不太聪明"。

6. 操作技能

智力不完全指动脑，也包括动手、操作和实践。其中有一个重要因素叫技能。技能是个体运用已有的知识经验，通过练习而形成的智力动作方式和肢体动作方式的复杂系统。技能包括在知识经验基础上，按一定方式进行反复练习或由于模仿而形成的初级技能，也包括按一定的方式经多次练习使活动方式的基本成分达到自动化水平的高级技能，即技巧或技巧性技能。技能按其性质和特点可以分为心智（智力）技能（如数学运算技能）和动作技能两种，但通常所说的技能是指动作技能或操作技能。

技能与知识不同。知识是对经验的概括而在人脑中形成的经验系统；技能是对动作和动作方式的概括，是个体身上固定下来的复杂的动作系统。然而，技能与知识又是相互联系、相互转化的。知识是掌握技能的前提，它制约着技能掌握的快慢、深浅、难易、灵活度和巩固程度，而技能的形成和发展又有助于提高知识发展的水平和深刻性。

操作技能的水平，也能显示出不同人的"聪明"与"不太聪明"的程度。

（三）智力的层次

智力不但有多方面的因素，而且有不同的层次。

对北京、上海等地的调查发现，智力发育有很差的，所谓低常儿童约占3‰。这是一个不小的数字，是有关国家发展，特别是人口素质上的一个值得注意的问题。智力超常的人（即所谓天才），也是少数。所谓超常或天才，"无非是聪明一点"，即组成智力的几个方面的能力或才能高度综合发展，或者在某个因素上表现异常突出。它是在一定的物质和精神条件下形成的，古今中外都有这样一些人物，这并不神秘。除低常与超常两个层次之外，大多数属于正常的层次。用统计术语来说，叫作"正态分布"，就是一个两头小、中间大的曲线，即一个对称的"钟形曲线"（见图1-2）。

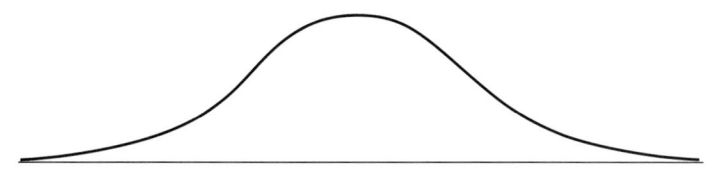

图 1-2 智力水平分布常态示意图

一个人的智力是正常、超常还是低常，主要由智力品质来确定。智力品质是智力活动中，特别是思维活动中智力特点在个体身上的表现，因此它又叫思维的智力品质或思维品质，其实质是人的思维的个性特征。它既是评价智力高低的指标，又是发展智力与能力的突破口。

思维品质体现了个体思维的水平和智力、能力的差异。学校教育教学的主要目的之一是提高每个学生的学习质量和思维能力。因此，在智力与能力的培养上，往往要抓学生的思维品质这个突破口，做到因材施教。

思维品质的成分及其表现形式很多。我认为，它主要包括深刻性、灵活性、独创性（创造性）、批判性和敏捷性五个方面。

- 深刻性是指思维活动的抽象程度和逻辑水平，以及思维活动的广度、深度和难度。它表现为个体在智力活动中深入思考问题，善于概括归类，逻辑性强，抽象程度高，善于抓住事物的本质和规律，开展系统的理解活动，善于进行各种逻辑推理，善于预见事物的发展进程。超常智力的人抽象概括能力高，低常智力的人往往只是停留在直观水平上。

- 灵活性是指思维活动的灵活程度。它反映了智力与能力的"迁移"水平，如我们平时说的"一题多解""举一反三""运用自如"。灵活性强的人，智力方向灵活，善于从不同的角度与方面起步思考问题；从分析到综合，从综合到分析，灵活地做"综合性的分析"，较全面地分析、思考问题，解决问题。西方心理学把这种思维品质叫作"发散思维"（divergent thinking）。

- 独创性是指思维活动的创新精神，或叫创造性和创造力。在实践中，除了善于发现问题、思考问题外，更重要的是要创造性地解决问题。社会发展、科技进步，乃至个体有所发明、有所创新，都离不开思维的独创性。爱迪生在既无设备又无资料的条件下，一生能完成数以千计的发明，取得辉煌的成就，主要是因为他有杰出的独创性智力品质。独创性是一种比较高级的智力品质，古往今来的发明家、科学家都具有这种智力品质。培养青少年的独创性智力品质是极其重要的。

- 批判性是指思维活动中独立分析和批判的程度。西方心理学称之为"批判性思维"（critical thinking）。是循规蹈矩、人云亦云，还是独立思考、善于发问？这就是思维批判性上的差异。批判性是一种很重要的思维品质。有了批判性，人类能够对思维本身加以自我认识，也就是说，人们不仅能认识客体，而且能认识主体，并在改造客观世界的过程中改造主观世界。所以，批判性是人类反思能力或"元认知"等"知其然，知其所以然"的表现。

- 敏捷性是指思维活动的速度，它反映了智力正确而迅速（敏锐）的程度。智力超常的人在思考问题时敏捷，反应速度快；智力低常的人往往反应迟钝、缓慢；智力正常的人则处于一般的速度。

思维品质的五个方面是判断智力与能力的层次的主要依据。在一定意义上，思维品质是智力与能力的表现形式，智力与能力的层次，集中地表现在深刻性、灵活性、独创性、批判性和敏捷性这五个方面的水平上。思维品质这些方面的表现，是确定一个人的智力与能力正常、超常还是低常的主要指标。

在我开展的教学实验中，我结合中小学各学科的特点，制定了一整套培养学生思维品质的具体措施。由于在实验中抓住了思维品质的培养，所以实验班学生的智力、能力和创造精神获得了迅速发展，各项测定指标大大高于对照班，而且实验时间越长，这种差异越明显。以我在1990年暑假对部分小学实验班和对照班的数学综合性能力考试成绩测定为例，统计分析清晰地表明了这种趋势（见表1-1）。

表 1-1 不同年级不同被试数学综合性能力考试成绩对照表

年级	不同被试	平均成绩 $\bar{X}$	标准差 SD	人数 N	差异显著性检验
一年级	实验班	89.4	8.8	300	$p<0.05$
	对照班	85.7	10.2	300	
二年级	实验班	81.6	6.7	300	$p<0.05$
	对照班	77.2	10.6	300	
三年级	实验班	81.1	10.0	325	$p<0.01$
	对照班	74.0	15.6	300	
四年级	实验班	87.1	8.6	345	$p<0.01$
	对照班	74.1	21.0	310	
五年级	实验班	84.1	9.1	320	$p<0.005$
	对照班	67.3	24.5	310	

由表 1-1 可以看出：①实验班学生在数学综合性能力考试中，成绩普遍地高于对照班学生；实验班学生成绩的标准差普遍低于对照班学生成绩的标准差。②实验班和对照班学生成绩差异的显著性随年级升高、实验时间的增加而递增；离差性的对比也随之逐年增加，也就是说，对照班的两极分化在逐年明显化，而实验班却在 5 年中大致相同，两极分化现象变化不大。

从中可以得出结论：培养思维品质是发展智力与能力，乃至包括数学教学在内的各种教学改革的一条可信又可行的途径。对于这一观点，我将在第六章"运算中学生智力品质的差异及其培养"再加以详细阐述。

三、智力与知识、技能的关系

中小学各科教学十分强调培养学生的基本知识和基本技能（以下简称"双基"），并把"双基"作为学校教学的重要任务。

前面我已经讨论了智力、技能的含义。那么什么是知识呢？从心理学的观点来说，知识是人类社会历史经验的总结，它以思想内容的形式为人所掌握。知识来源于社会实践，社会实践是人类一切知识的基础和检验标准。知识的形成要以人类的语言为工具，知识借助一定的语言，物化为社会实践活动产品的经验形式，用以交流或代代相传，形成文化，成为人类共同的精神财富和精神文明。而技能已在上一节做了简单的阐述，它是操作技术，以行动方式的形式为人所掌握，不管是动作的技能如写字、体操等，还是智慧活动的技能如作文、计算等，都是操作技术。技能达到完善的阶段，其中活动的基本成分已经自动化，就是如前所述的技巧，如掌握了游泳、骑自行车等技巧。"熟能生巧"是对技能与技巧两者关系的最好归纳。

知识、技能与智力有着密切的关系。然而，知识、技能不是智力本身，不是一种个性心理特征，知识、技能的高低，并不意味着一个人智力的高低。例如，学生参加某种测验，同样获得100分，在学习时，有的花费了很多时间，有的可能只花费了很少的时间；有的凭死记硬背，有的可能是凭"小聪明"。因此，对智力的鉴定决不能单纯地局限于对知识、技能的检查。但知识、技能与智力是相辅相成的，离开学习与训练，什么事都不做，什么实践活动都不参加的人，他的智力是得不到发展的；同时，智力在一定程度上又决定着个体在知识、技能掌握上可能取得的成就。例如，在练习写作的过程中，个体经常运用思维能力，于是思维能力得到了发展，脑越用越灵活，分析、综合、判断、推理等能力越来越强；思维能力的增强，又有利于更快地掌握写作的技能。

中小学教学（包括幼儿园的"教学"），要在不断提高学生"双基"的基础上，发展学生的智力；同时要在发展他们智力的条件下，进一步促使"双基"的提高。提高"双基"是发展智力的基础，发展智力是提高"双基"的目的。"双基"和智力是统一在完整的教学过程之中的。

我国著名心理学家朱智贤教授谈到青少年儿童心理发展规律时指出："从教育措施到青少年儿童心理发展，这里面是以青少年儿童对教育内容的领会或掌握为中间环节的，是要经过一定的量变质变过程的。"（朱智贤，

1962/1979/2018）可见，通过教学，向学生传授知识是重要的，但这只是使学生的思维能力、智力发展的量变过程，它是一个中间环节，不是最终的目的。重要的是思维能力、智力本身的发展，这是质变过程，这才是真正的最终的目的。从知识、技能的发展"量变"，到成为智力与能力的"质变"，中间环节是概括过程。前面分析思维成分时提到了"概括"，正是这种概括的过程（有人称作类化过程），实现了知识、技能向智力、能力的转化。

如前所述，思维最显著的特性是概括。概括是形成概念的前提，是发展思维品质的关键。善于概括是思维深刻的重要特点。学习与运用的过程就是概括—迁移的过程。没有概括，就谈不上迁移；没有概括，就不能掌握和运用知识，也就不能学习新知识；没有概括，就无法进行逻辑推理，就谈不上思维的深刻性和批判性；没有概括，就没有灵活的迁移，就谈不上思维的灵活性与创造性；没有概括，就没有"缩减"形式，也就谈不上思维的敏捷性。因此，概括是一切思维品质的基础。

数学能力应视为智力的一个组成部分，也可以称作"特殊智力"之一。而概括是数学能力的基础，是数学思维深刻性的直观体现。概括是形成或掌握数学概念的直接前提，学生掌握数学概念的特点，是直接受概括水平所制约的。数学概念是数学材料及其关系的本质属性在人脑中的认知。掌握数学概念，就是对一类数学关系加以分析、综合、比较等抽象过程，从中抽出共同的、本质的属性或特征，然后合并同类项，把它们概括起来。与数学思维深刻性相联系的数学抽象概括能力，就是从大量繁杂的数学材料中抽出最重要的东西，以及从外表不同的数学材料中看出共同点的能力。

数学抽象概括的过程，应包括以下四个方面：第一，数学概念和数学规律的抽象概括；第二，把抽象概括的东西具体化；第三，在现有概括的基础上进行更广泛、更高层次的概括；第四，在概括的基础上把数学知识系统化，这是概括的高级阶段。有了这四个抽象概括的过程，学生才能把学到的数学知识和掌握的数学技能，逐步转化为数学能力，从而使智力得到发展。

发展学生的数学能力，不是高不可攀的，但也不能一蹴而就，需要在课堂教学、作业指导、预习、复习、考试、实验以及课外活动等各种教学活动中，有目的、有计划地加以培养与训练。为了说明概括过程在数学能力发展中的作用，进一步阐述知识、技能与智力的关系，不妨在此举两个简单的例子。

一名小学生问教师："$\frac{2}{3}$ 的 $\frac{1}{3}$ 等于多少？"教师没有正面回答，而是反问学生："3 的 $\frac{1}{3}$ 是多少？"学生答："是 1。"教师又问："怎么得来的？"学生说："3 乘 $\frac{1}{3}$。"教师乘势问："6 的 $\frac{1}{3}$，9 的 $\frac{1}{3}$，x 的 $\frac{1}{3}$ 是多少？"学生一一做了回答。"那么 $\frac{2}{3}$ 的 $\frac{1}{3}$ 是多少？"学生在上边的回答中"合并了同类项"，一拍脑门，"噢，明白了"。这个小小的例子可以粗略地说明：教学中通过概括，既向学生传授了知识又培养了学生的智力。

另一个例子是，初中学生在认识具体的二元一次方程组并研究其解法后，概括出一般的二元一次方程组的概念及解法，这是数学概念和数学规律的概括。学生运用这种解法去解各种具体的二元一次方程组，这是把概括的解法具体化。有些方程组表面上不是二元一次方程组，如可化为二元一次方程组的分式方程组，甚至像三元一次方程组，但学生能看到它们与二元一次方程组之间的共同点，找到它们的解法，这就进行了更广泛、更高层次的概括。学生在学习了各种方程组及其解法之后，分析它们之间的联系和关系，把这些内容系统化，这是概括的高级阶段。

由此可见，概括的过程就是迁移的过程，概括的水平越高，迁移的范围就越广，"跨度"就越大。由于概括，学生抓住了数学知识的本质、整体和内部联系，掌握了数学知识的规律性。由于概括，学生善于发现已经掌握的数学知识与新的数学问题之间的联系，善于运用已学知识去解决新问题，获得新知识和新技能，做到举一反三、触类旁通、温故而知新。因此，概括能力是一切数学能力的基础，概括能力的提高将使学生学习数学的能力显著地增强，这是应当引起我们特别重视的。

综上所述，知识、技能与智力、能力发展的关系是：人们获得知识、技能后，经过不断的抽象概括过程，相关的智力与能力就得到了发展；同时，智力与能力的发展又使人们能更好、更快地获得知识和技能。

四、国际心理学界有关智力的主要观点

国际心理学界的智力观点很多，下面我介绍几种与本书有关的观点。

（一）"因素说"和"结构说"

1. "因素说"

"因素说"是研究智力构成要素的学说。智力由哪些因素构成呢？早在19世纪末20世纪初，桑戴克（E. L. Thorndike）就提出了特殊因素理论，认为智力由许多特殊能力组成，他设想智力由 C（填写）、A（算术推理）、V（词）和 D（领会指示）所组成。

斯皮尔曼（C. Spearman）于1904年提出了"二因素说"，认为智力由贯穿于所有智力活动中的普遍因素（G）和体现在某一特殊能力之中的特殊因素（S）所组成。

凯勒（T. L. Kelly）和瑟斯顿（L. L. Thurstone）分别于20世纪30年代和40年代提出了"多因素说"，认为智力由彼此不同的原始能力组成。不过凯勒和瑟斯顿的提法不尽相同。凯勒提出数、形、语言、记忆、推理五种因素；而瑟斯顿提出数字、词的流畅、词的理解、推理、记忆、空间知觉、知觉速度七种因素。

2. "结构说"

"结构说"实际上也是"因素说"的一种，但它是从结构角度阐明智力的因素。也就是说，"结构说"强调智力是一种结构。

英国心理学家弗农（P. E. Vernon）提出了智力层次结构理论，认为智

力是一个多层次的心理结构（Vernon，1950/1961）（如图 1-3 所示）。

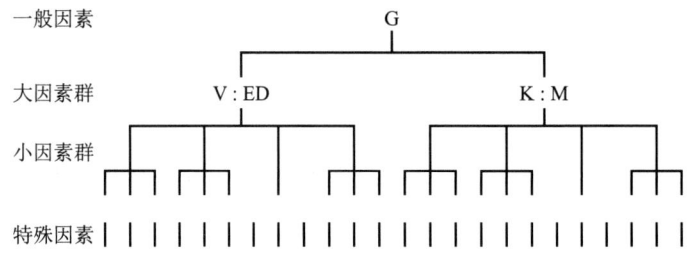

图 1-3 弗农的智力层次结构模型

其中，最高层次是智力的一般因素（G）；第二层次包括两大因素群，即言语与教育方面的能力倾向（V：ED）及操作与机械方面的能力倾向（K：M）；每个大因素群又分为第三层次的几个小因素群，言语与教育方面的能力倾向分为言语、数量、教育等，操作与机械方面的能力倾向又分为机械、空间、操作等；第四层次是各种特殊因素（能力）。

美国心理学家吉尔福特（J. P. Guilford）于 1959 年提出了智力三维结构模型，认为智力由操作（即思维方法，可分为认知、记忆、发散思维、辐合思维、评价五种成分）×内容（即思维的对象，可分为图形、符号、语义、行动四种成分）×结果（即把某种操作应用于某种内容的产物，可分为单元、种类、关系、系统、转换、含义六种成分）所构成的三维空间（120 种因子）结构（如图 1-4 所示）。

图 1-4 吉尔福特的三维智力结构模型

第一章 智力的实质

美国心理学家施莱辛格（I. M. Schlesinger）和格特曼（L. Guttman）于1969年提出二维智力结构模型理论。他们认为，智力的第一维是语言能力、计数能力、图形和空间能力（用直线表示其范围），第二维是规则应用能力、规则推理能力和学校各科学业测验成绩（用曲线表示其范围）。两个维度及其所包含的各种变量如图1-5所示。

图1-5 施莱辛格和格特曼的二维智力结构模型

他们通过研究指出，随着年龄的递增，儿童青少年感知动作的因素减少，而认知的因素得到了更多的发展。

1986年，美国心理学家斯腾伯格（R. J. Sternberg）又提出了人类智力的三层次理论，该理论主要包括智力的三个子理论，它们分别是智力的情境子理论、智力的经验子理论和人类智力的成分子理论。他所强调的是智力、情境和经验的关系，并提出按功能可以把智力成分分为元成分、执行成分和知识获得成分。这种智力三层次理论，使我们能够从多方面来理解智力的本质。

（二）皮亚杰的智力理论

在皮亚杰的著作中，认知、智力、思维、心理等是同义语。皮亚杰始终认为，心理的机能是适应，智力是对环境的适应。也就是说，智力的本质就是适应，使个体与环境取得平衡。这种适应不是被动的、消极的，而是主动的、积极的。皮亚杰明确地提出并一再强调，智力是一种主动的、积极的结构。

皮亚杰指出："智力在一切阶段上都是把材料同化于转变的结构，从初级的行动结构升为高级的运算结构，而这些结构的构成乃是把现实在行动中或在思维中组织起来，而不仅是对现实的描摹。"（皮亚杰，1981）在他看来，智力是一种思维结构的连续形成和改组的过程，每一阶段都有一种相对稳定的认知结构来决定学生的行为，并说明该阶段的主要行为模式；教育则要适合于这种认知结构或智力结构，即要按学生的认知结构或智力结构来组织教材，调整内容，进行教学。如果学生的认知结构或智力结构不合理，那么他们就会记忆缓慢，思维迟钝，不能灵活地解决问题。这时，即使教师试图加速他们的发展，也只能是浪费时间和精力。

认知结构或智力结构是什么？皮亚杰最初强调图式（scheme，即动作的结构或组织）概念。图式经过同化、顺应和平衡，构成新的图式。到了晚年，他强调这个结构的整体性（思维形式的逻辑结构）、转换性（认知是一个主动积极的且发展变化的建构过程）和自调性（主客体的平衡在结构中对图示的调节作用）。皮亚杰提出的所谓"建构主义"（constructivism）中的"建构"区别于一般的结构，它是主体与客体相互作用的结果。它强调了三个方面：一是主客体的相互作用；二是共时性和历时性的统一；三是活动中心范畴（把活动作为考察认识发生与发展的起点和动力）。

（三）认知心理学的智力观

20 世纪 50 年代末 60 年代初，由于控制论、信息论和计算机技术的发展，心理学要改变行为主义把人脑看成"黑箱"的悲观论调，出现了认知心理学。一般认为，美国心理学家奈塞尔（U. Neisser）为"现代认知心理学之父"（1967 年他出版了第一部《认知心理学》专著）。

认知心理学家安德森（J. R. Anderson）指出，认知心理学试图了解人的智力的性质和人们是如何进行思维的（安德森，1989）。在这里，他指明了认知心理学的研究对象是人的智力和思维。

但是，现代心理学对认知的理解很不统一。

奈塞尔在其《认知心理学》（1967）一书中指出，认知是指感觉输入受到转换、简约、加工、存储、提取和使用的全部过程。

里德（S. K. Reed）根据上述定义于 1982 年进一步提出，认知通常被简单地定义为对知识的获得，它包括许多心理技能，如模式识别、注意、记忆、视觉、表象、言语、问题解决、决策等。

1985 年，格拉斯（A. L. Glass）在《认知》一书中也指出，我们的所有心理能力（知觉、记忆、推理及其他）组成一个复杂的系统，它们的组合功能就叫认知。

霍斯顿（J. P. Houston）等对关于认知的各种看法进行了归纳，认为有五种主要的意见（Houston, et al., 1981）：①认知是信息加工；②认知是心理上的符号运算；③认知是问题解决；④认知是思维；⑤认知是一组相关的活动，如感觉、记忆、思维、判断、推理、问题解决、学习、想象、概念形成、语言使用。这里，实际上只有三种意见：①和②是狭义的认知心理学，即信息加工论；③和④认为认知心理学的研究核心是思维；⑤是广义的认知心理学。

认知心理学强调，认知应包括三个方面，即功能（适应）、过程和结构（Dodd & White, 1980）。这里最突出的是，认知是为了一定的目的，在一定心理结构中进行信息加工的过程。从一定意义上说，智力就是为了达到一定的目的，在一定心理结构中进行信息加工的过程。

认知心理学研究智力有一个发展过程，当前的认知心理学不仅重视知觉研究，而且更重视思维等内部的高级认知因素的研究；不仅重视一般的认知模型的建立，而且更重视联结的网络，反应时就是分析加工过程的一个新突破;不仅重视生理机制的探索,而且重视根据人的神经元和神经网络的特点来改进计算机的设计;不仅关心理论课题,而且关心现实生活中的课题。

认知心理学对智力与思维问题的研究,主要有以下三个特点。

- 把心理学、思维心理学和现代科学技术(控制论、信息论、计算机科学等)结合起来研究,例如,纽厄尔(A. Newell)和西蒙(H. A. Simon)研究了机器模拟思维的基本模型。
- 尽管它以认知为主要对象,但它并不局限于认知的范围,它不但把从低级的感知到高级的思维当作一个不可分割的连续体,而且试图把认知(智力)因素和非认知(智力)因素结合起来,从而将人的心理、意识、认知、智力当作一个整体或系统来看待。
- 应用新的方法来作为从感知到思维的过渡环节的表象,进行较合理的探索,这样就有利于把感性认识和理性认识更好地联系起来,也有利于对人的心理、智力内部过程的研究。

(四)加德纳的多元智力理论

1983年,美国哈佛大学的加德纳(H. Gardner)出版《智力结构》(*Frames of Mind*)一书,提出了"多元智力"(multiple intelligence)的概念。之后20多年,加德纳一直探讨这个问题。1993年,他又出版了《多元智力的理论与实践》(*Multiple Intelligence: The Theory in Practice*),该书的中文版《多元智能》(加德纳,1999)出版后,引起了中国广大读者的重视。

加德纳提出了一种多元智力理论。起初,他列出了7种智力成分。他认为,相对来说,这些智力彼此不同,而且每个人都或多或少具有这7种智力。他承认,智力可能不止这7种,不过他相信并支持关于7种智力的观点达10多年之久。

1. 语言智力

语言智力(linguistic intelligence)就是有效地运用词语的能力。语言智力强的人，既包括口语能力很强的人（如政治家、演说家、说书人、节目主持人等），也包括书面语能力很强的人（如新闻记者、剧作家、诗人和编辑等）。具备这种能力的人，不但能操纵某种语言的语音、语法和语义，而且能操纵该语言的语用规则。

2. 逻辑—数学智力

逻辑—数学智力（logical-mathematical intelligence）就是有效地运用数字（如数学家、统计学家、会计等的工作）和合理地进行推理（如计算机编程人员、逻辑学家、科学家等的工作）的能力。逻辑—数学智力强的人，具有从知觉到逻辑模式和逻辑关系、声明和命题、函数及其复杂过程的能力，以及相关的抽象能力。

3. 知人的智力

知人的智力（interpersonal intelligence）就是快速地领会并评价他人的心境、意图、动机和情感的能力。具备这种能力的人，对他人的面部表情、姿势和语气很敏感，能够察言观色（在此无贬义），据此消除人们消极的情绪，激励人们做出积极的行动。

4. 自知的智力

自知的智力（intrapersonal intelligence）又称为"自控能力"，是指了解自己从而做出适应性行动的能力。具备这种能力的人，能够诚实、准确、综合地刻画自己，知道自己的长处和短处；能了解自己的动机、欲望、心境；具有自律的倾向；具有健康的自尊。

5. 音乐智力

音乐智力（musical intelligence）就是音乐知觉（如欣赏音乐）、辨别和判断音乐（如音乐评论）、转换音乐形式（如作曲）以及音乐表达（如乐器演奏与表演）的能力。具有这种能力的人，对节奏、旋律等比较敏感。

6. 身体—运动智力

身体—运动智力（bodily-kinesthetic intelligence）就是运用全身表达思想和情感的能力，其中包括运用手敏捷地创造或者转换事物（如工匠、画家、机械师、雕塑家、外科医生等的工作）的能力。具有身体—运动智力的人，有很强的协调肌肉、平衡身体的技能，身体动作敏捷、灵活而优美，并对触觉敏感。

7. 空间智力

空间智力（spatial intelligence）是指准确地知觉视觉空间世界（如导游、猎手、侦察员等的工作）的能力。具有空间智力的人，能敏锐地知觉到颜色、线条、空间及其之间的关系，也能视觉化、形象地表征视觉或空间的观念、理解自己的空间位置。

1993年，加德纳又添加了一种智力，叫"自然主义智力"（naturalistic intelligence），这是一种对自然世界的事物进行理解、联系、分类和解释的能力。诸如农民、牧民、猎人、园丁、动物饲养者等都表现出了已经开发的自然主义智力。

新旧世纪之交时，加德纳又增加了一种智力，即存在主义智力（existential intelligence），它涉及对自我、人类的本质等一些终极性问题的探讨和思考，神学家、哲学家在这方面的智力最突出。

（五）斯腾伯格的成功智力理论

美国耶鲁大学的斯腾伯格长期从事智力的研究，提出了"成功智力"（successful intelligence）的理论。这种理论让人认识到，人生的成功主要不是靠智商（IQ），而是取决于成功智力。

斯腾伯格不仅从事成功智力的理论研究，而且进行应用实践的实验，他出版的《成功智力》（1996）一书颇有影响。这本书已有中文译本（斯腾伯格，1999）。

1. 成功智力的概念

斯腾伯格认为，我们应少关注一些传统的智力观念，尤其是智商的概念，多关注一些成功智力（斯腾伯格，1999）。他在《成功智力》的序里风趣地说，他曾在小学和中学时考砸了智商测验，他勉励自己，如果将来成功了，那也不是其智商的作用。为此，他最终走上了探索智力的道路，并努力寻找能够真正预测个人今后成功的智力。所谓成功智力，就是为了完成个人的以及自己群体或者文化的目标，而去适应环境、改变环境和选择环境的能力。如果一个人具有成功智力，那么他就懂得什么时候该适应环境，什么时候可以改变环境，什么时候应当选择环境，并能在三者之间进行平衡。具有成功智力的人能认识到自己的优势和劣势，并能想方设法地利用自己有限的时间，同时能够补偿自己的劣势或者不足。懂得如何充分发挥自己的优势，克服自己的劣势，这是人们能够成功的原因之一。

2. 成功智力的成分及其任务

分析思维、创造思维和实践思维的能力是对于成功智力极为重要的三种思维能力。分析思维能力的任务是分析和评价人生中面临的各种选择，它包括对存在问题的识别、问题性质的界定、问题解决策略的确定、问题解决过程的监控。创造思维能力的任务在于，最先构思出解决问题的方案，富于创造力的人就是那些在思想世界中"低价买进而高价卖出"的人，研究表明，这些能力与传统的智商至少存在部分的不同，它们大致属于特定领域的能力。实践思维能力的任务在于，实施选择并使选择发生作用，如果将智力应用于真实世界的环境之中，那么实践思维能力就开始发生作用了。

（六）梅耶尔与戈尔曼的情绪智力理论

"情绪智力"（emotional intelligence）的概念是由美国新罕布什尔大学的梅耶尔（J. D. Mayer）等人于1990年提出来的。1995年，记者戈尔曼（D. Goleman）出版了《情绪智力》一书，对这个理论起到了推动作用。现在我们常常听到的"情商"概念，实际上来自"情绪智力"理论。

情绪智力是什么呢？它由哪些要素构成呢？梅耶尔等人与戈尔曼分别提出了各自的情绪智力理论（见表1-2），对此做了说明（Mayer, Salovey, & Caruso, 2000；Goleman, 1995）。

表 1-2 两个情绪智力模型的比较

理论	梅耶尔等人	戈尔曼
定义	情绪智力用以说明人们如何知觉和理解情绪、在思维中同化情绪、理解和分析情绪、调控自己及他人情绪的能力	情绪智力包括自我控制、热情、坚持性和自我激励能力，这种情绪智力原来被称为性格
内容与说明	1. 情绪知觉和表达 2. 在思维中同化情绪 3. 理解与分析情绪 4. 情绪的反思性监控	1. 知道自己的情绪 2. 情绪管理 3. 自我激励 4. 识别他人的情绪 5. 处理关系
类型	能力	能力与性格的混合

表 1-2 总结了两种最有影响的情绪智力理论。两种理论都从内涵范围来定义情绪智力，但不同的是，戈尔曼把它定义为能力与性格（或人格倾向）的混合物，例如，在能力之外加入了热情、坚持性等性格特点；而梅耶尔等人反对把情绪智力定义为能力、性格等多种因素的混合物，坚持把它定义为传统智力中的一种。然而，两种理论也有共同点，都认为情绪智力包含多个因素，虽然数量有所不同。总之，情绪智力是心理学研究的一个新领域，在概念、理论等方面都有待深入研究。

今天社会上所指的情商，在一定意义上正是建立在情绪智力基础上的发展。

第二章　智力发展的规律与数学学习

作为心理发展的一个组成部分，儿童青少年的智力发展有着内部固有的、本质的必然联系，这就是儿童青少年心理发展的基本规律。朱智贤教授早在 20 世纪 60 年代初，就根据国内外儿童青少年心理学的研究成果，把儿童青少年心理发展的基本规律概括成四个问题（朱智贤，1962/1979/2018，第 1 章）：一是先天与后天的关系；二是内因与外因的关系；三是教育与发展的关系；四是年龄特征与个体特点的关系。这四个问题系统地揭示了儿童青少年心理发展的基本规律。这四条规律自始至终制约着儿童青少年发展的全部过程，不仅为我国心理发展的研究和教育工作提供了理论基础，而且为中小学幼儿园的数学学习提供了心理发展的理论基础。

一、智力发展中先天与后天的关系

先天与后天的关系是指儿童青少年智力乃至心理发展的条件。儿童青少年的智力发展是由先天遗传决定的，还是由后天环境、教育决定的？这不仅在心理学界争论已久，而且是国际上耗资最大的研究课题。教育界对此也有不同的看法，并形成了天赋理论（nativistic theory）、成熟势力论（theory of maturation potency）和环境决定论（theory of environmental determination）等根本对立的观点。下面我在评述这三种对立观点的基础上提出自己的观点。

(一) 三种对立观点

1. 天赋理论

天赋理论（或遗传决定论）认为人的智力、能力、心理内容和个性心理特点不是后天形成的，而是先天赋予的。它所强调的先天因素并不相同。

有的是借助个体之外的神秘力量来解释这种天赋。例如：柏拉图认为人的天赋观念是理念世界的反映；笛卡尔认为神的观念、永恒的观念、本质的观念都是天赋的，灵魂与肉体都是由第三种实体即由神来决定的，他所说的天赋观念也只能用神来解释。

有的则是用先天的遗传素质来解释天赋，认为人的智力、能力乃至心理的内容主要是遗传所赋予的。例如：19 世纪英国优生学家高尔顿（F. Galton）认为人的出名与成就皆得自优秀的智力，而这种智力是遗传的；美国心理学家麦独孤（W. McDougall）认为人的一切行为的动力是本能和本能的分化，这种本能是一种先天的心物倾向；格式塔认为知觉与思维都有其整体结构，人在知觉或思维时就是在头脑中不断寻求、改组这些结构，直到发现一种完美的结构，这种发现叫作"顿悟"。格式塔的思维理论认为人探寻和发现这种新结构的能力是天生的，所以它也是一种天赋理论。直到 1969 年，美国的詹森（A. R. Jensen）还以天赋理论的观点论述民族智能乃至心理的遗传性。

2. 成熟势力论

成熟势力论是美国心理学家格塞尔（A. L. Gesell）关于儿童心理发展的主要观点。他认为，支配儿童心理发展的基本因素有二：成熟与学习。其中他更着重于成熟。他认为成熟与内环境有关，是由遗传决定的；而学习则与外环境有关，是后天经验的获得和行为的变化，对成熟只起促进作用。

格塞尔以著名的双生子（T 和 C）爬梯实验来说明成熟的作用。T 从 48 周起每日做 10 分钟爬梯训练，而 C 不做训练。在 T 训练 6 周后，即从 54 周起，C 每日也做 10 分钟的爬梯训练，连续 6 周。经摄影证明，C 经 2 周训练即达到了 T 经 6 周训练而获得的爬梯能力。C 开始训练的年龄大于 T，而训练时间却减少了 $\frac{2}{3}$。可见不成熟就无从产生学习，而学习只是对成熟起一种促进作用。他指出，实验年龄这一形式的概念和成熟水平这一机能的概念，对于实际生活常识和儿童发展科学这两者都是不可缺少的，在指导儿童时绝对有必要考虑行为的年龄值和年龄的行为值。

格塞尔对相当多的婴幼儿进行持续观察，做出记录，拍成电影。他获得的资料具有一定的客观性，也是具有一定的特点和价值的。格塞尔由此建立的成熟势力论曾成为早期发展观的主流。但他认为儿童心理的发展取决于遗传及其天生的生长力，而环境因素只起促进作用，这一论点引起了人们的非议和争论。

3. 环境决定论

环境决定论又称环境论。这种理论片面地夸大环境和教育在儿童心理发展中的作用，认为儿童青少年的智力乃至心理发展是由环境和教育机械决定的，否认遗传的作用，否认儿童青少年的智力乃至心理年龄特征的作用，否认儿童青少年的主动性和自觉性。

美国行为主义心理学就是环境决定论的典型，从行为主义创始人华生（J. B. Watson）到行为强化控制原理的提出者斯金纳（B. F. Skinner），再到社会学习理论的创立者班杜拉（A. Bandura），尽管他们的观点有不少创新之处，但他们都持环境决定智力乃至心理发展的观点。也就是说，他们夸大环境的作用，似乎教育是万能的，可以按照教育者的意愿任意地把儿童青少年培养成社会所需要的各种人才，忽视或否认外因必须通过内因起作用和循序渐进等客观规律的存在。

以上观点把先天与后天、遗传与环境、生理与心理、成熟与教育对立起来，肯定某一因素又否定另一因素，因而是形而上学的。我认为应全面地看待这些对立统一的因素。人的心理发生发展的任何表现都是先天与后天、遗传与环境、生理与心理、成熟与教育相互作用的共同产物。后天来自先天，后天推进先天。现代科学发展证实了遗传素质和生理成熟是儿童青少年心理发展的生物前提，为儿童青少年心理的发展提供了可能，社会环境和教育必须在这个基础上发挥作用，才能使这个可能变为现实。

（二）遗传乃至生理成熟是智力发展的生物前提

1. 遗传作用

遗传是一种生物现象，通过遗传，传递着祖先的许多生物特征。遗传的生物特征主要是指与生俱来的解剖生理特征，如机体的构造、形态、感官和神经系统的特征等。良好的遗传因素无疑是智力正常发展的物质基础和自然前提。没有这个条件是不行的，所以遗传是心理发展的生物前提。

我在研究中看到，人得自天赋的只是生理解剖上的特点，这些特点主要表现在脑和神经系统的结构与机能上，但天赋的遗传素质只是个人智力和某些气质特点形成的生物前提，并不能决定心理的内容与倾向，天赋理论夸大了遗传的作用。遗传通过天赋影响智力的发展，天赋是智力发展的生物前提。例如，生来聋哑的人不可能成为歌唱家，先天全色盲的人无法成为画家。我在实验中看到，遗传因素相同的同卵双生子，比起遗传因素不尽相同的异卵双生子，在思维能力、记忆能力、语言发展和智力品质的敏捷程度、灵活程度与抽象程度上，具有更相似或接近的水平。我们承认，天赋素质所集中的某些特点，为某些能力的形成提供了有利条件。例如，那些表现出早期才能和智力的小画家、小音乐家、小速算家等，其成就是否和遗传素质有关呢？这是完全可能的。神经系统的某些特点，既然可能为某些智力的形成提供有利条件，那么这些特点的集中促使某些智力在早期得到突出的表现，是完全可以理解的。

而我们了解这些，对于搞好学校教育工作也是有益的。我国的中小学教育是基础教育，从学生小时候就注意选拔和培养十分重要。例如，一些学生有音乐方面的生理因素或天资，他们的手指长些，手指动作灵活些，如果有条件，培养他们弹琴不是很好吗？有的学生嗓音好，声音清脆，培养他们成为歌唱家岂不是很好吗？某些学生具有一定体育运动项目发展的生理因素，不妨有意识地在体育上多下点功夫培养他们。某些学生对数字和空间关系很敏感，教育者有意识地培养他们的数学能力，就有可能使他们成为数学家。

2. 生理成熟对思维发生与发展的作用

智力的发生与发展，必须要以生理发育、变化、成熟为物质基础。儿童青少年生理变化的规律性，例如，脑的重量变化、脑电波逐步发育、脑中所建立的神经系统联系程度的水平等的程序性和过程，这就是智力发展年龄特征的生理基础。

（1）脑的质量的发展与智力发展的关系。人脑平均质量的发展趋势是：新生儿为 390 克；八九个月的乳儿为 660 克；两三岁的婴儿为 990~1010 克；六七岁的幼儿为 1280 克；九岁的儿童为 1350 克；十二三岁的少年脑的平均质量已经和成人差不多了，即达到 1400 克。

有趣的是，我们在对儿童的数概念形成和运算能力发展的研究中发现，儿童在数学运算思维能力上的发展变化与脑质量的变化存在一致性。上述脑质量变化的转折期——八九个月、2—3 岁、9—10 岁（小学三、四年级）也正是数学运算思维能力发展的加速期（林崇德，1980，1981）。我认为，这不会是一个巧合。

（2）脑电波的发展与智力发展的关系。所谓脑电波，就是把电极贴在人的头皮的不同点上，把大脑皮层的某些神经细胞群体的自发的或接受刺激时所诱发的微小电位变化引出来，通过放大器在示波器上显示或用有输出电位控制的墨水笔记录在连续移动的纸上，形成各种有节律性的波形。频率（用"周/秒"表示）是脑发育过程中最重要的参数，也是研究儿童脑发展历程的一项最主要的指标。研究发现，4—20 岁中国被试的脑电波的总趋势是 α 波（8~13Hz）的频率逐渐增加。脑的发展主要通过 α 波与 θ 波（4~8Hz）之间的斗争而进行，斗争的结局是 θ 波逐渐让位给 α 波。4—20 岁中国被试的脑发展有两个显著的加速期，或称两个"飞跃"。5—6 岁是第一个显著加速期，它标志着枕叶 α 波与 θ 波之间最激烈的斗争。13—14 岁是第二个显著加速期，它标志着除额叶以外，几乎整个大脑皮质的 α 波与 θ 波之间斗争的基本结束（刘世熠，1962）。

同样有意思的是，我在研究中发现，5—6岁、13—14岁（八年级）正好是儿童与青少年思维发展，特别是逻辑思维发展的关键年龄（林崇德，1980，2013）。对这个关键年龄的问题，我将在本章第四节再做详述。

（3）数学学习的神经系统机制的研究。北京师范大学"认知神经科学与学习"国家重点研究室研究了学生数学学习的神经系统机制。通过 ERP 和 fMRI 方法比较，董奇和周新林等研究者有效地检验了他们提出的算术公式编码分离假设，即由于学习经验的影响，人们对加法、减法公式（如 9+7=16，8-3=5）主要采用视觉—阿拉伯数字表征，对乘法公式（如 3×7=21）主要利用听觉—言语表征。在 ERP 实验中发现，一位数乘法比加法和减法在左侧额叶头皮电极上诱发出更大的标示着语音加工的 N300 成分；在 fMRI 实验中发现加法更多地激活与视觉、空间觉加工有关的大脑右侧顶枕部，乘法更多地激活与语音产出有关的大脑左侧运动区、辅助运动区和颞上回后部。以上成果发表在《神经影像》（$NeuroImage$）和《神经心理学》（$Neuropsychologia$）等杂志上（Zhou, Chen, Zang, Dong, & Chen, et al., 2007; Zhou, Chen, Dong, Zhang, & Zhou, et al., 2006）。近期的两个数字加工的 ERP 实验再次证明了上面的假设。

董奇和周新林等研究者从多个角度研究发现了一些属于中国人的数字加工的认知与脑机制特征。利用数字 Stroop 任务（比较两个数字的物理大小，如 2 和 7）发现，5 岁左右的中国儿童存在数字数量自动化加工，而西方儿童要到 7 岁以后才出现；西方成人普遍存在解决简单加法问题时的问题大小效应（problem size effect，例如 9+7 难于 3+2），但是他们发现，反应快的被试存在逆转的问题大小效应，反应慢的被试有正常的问题大小效应，问题大小效应量与反应速度呈显著正相关关系。对于中国大学生，表内加法和乘法能产生稳定、持续的脑电差异模式和大脑皮层激活差异模式，对西方成人的大量研究则没有类似报道。由于中国人背诵九九乘法表，ERP 研究发现一位数表内乘法和表外乘法能导致大学生产生完全不同的脑电活动模式，并且第二个数字语音呈现 120 毫秒后就出现稳定、持续的差异，西方成人则没有这些差异。以上成果发表在《记忆与认知》（$Memory\ \&\ Cognition$）、《神经科学通讯》（*Neuroscience Letters*）等杂志上（Zhou, Chen, Chen, Jiang, Zhang, & Dong, 2007; Zhou, Chen, Zhang, Chen, Zhou, & Dong, 2007）。

董奇和周新林等研究者提出了数字语义加工皮层定位的任务依赖假设，利用数字重复实验范式和SNARC效应发现4岁多的儿童就有数字空间表征（心理数轴），两位数字的空间表征具有整体性而不具有局部性，但加工方式是针对整体与局部的平行加工。这些研究成果发表在《认知》（*Cognition*）和《神经学报道》（*NeuroReport*）等杂志上（Zhou, Chen, Chen, & Dong, 2008; Zhou, Chen, Dong, Zhang, & Chen, et al., 2006）。

由上可见，我们应当恰如其分地估计遗传和生理成熟在心理发展中的作用。不承认遗传和生理成熟的作用不是正确的态度，但过分夸大遗传和生理成熟的作用同样是错误的。教师要正确对待遗传和生理成熟因素造成的学生心理发展上的差异，采取一些特殊的、适合其特点的办法，及时做好教育工作。

(三) 环境和教育的作用

遗传素质只提供智力发展的可能性，而环境和教育则规定人的智力发展的现实性。环境是智力发展的决定条件，尤其是有计划、有目的的教育，更是环境中起主导作用的条件。大多数遗传素质差不多的人，其智力发展之所以有差别，是因为环境和教育的作用，这就是智力的社会历史制约性。它证明人的智力随人类社会生产力和科学技术的发展而发展，随文化教育的变化而获得不同的内容与形式，获得前面谈到的智力的不同组成因素、层次和品质。因此，智力的发展在很大程度上依赖于接受和掌握人类历史成就的可能性。而这种可能性又受个体在社会关系中所处的地位与活动制约。例如，有些少年大学生如果不是生长在重视儿童早期教育的家庭里，如果没有机会从小就接触能给他们传授知识的师长，那么他们的智力就难以达到现在这样的水平。某些心理学家断言"早期教育造就人才"并指出，不少优秀科学家成才的原因之一，就是加强了早期教育，特别是数学训练。如果没有环境熏陶、教育训练，他们以后不可能取得很深的造诣。

我们经常说,在智力的培养上,一个重要的措施是"顾及气质"。气质是人的神经类型的表现,它有强与弱、灵活与不灵活、平衡与不平衡的区别。气质本身并无好坏之分,它总是在人的社会活动中表现出来并获得一定的社会意义,成为人的积极或者消极的智力特点。胆汁质的人性急,可以发展为智力活动敏捷的智力品质,也可能表现为冒失;多血质的人灵活,可以发展为活泼机智、发散思维出众的智力品质,也可能表现为动摇、优柔寡断;黏液质的人迟缓、沉静,可以发展为正确、独立、镇定的智力品质,也可能表现为顽固、呆板;抑郁质的人敏感,可以发展为爱好思索和深刻性强的智力品质,也可能表现为疑心重重。这就要求教师了解学生气质类型的表现,积极引导,使之表现在适当的场合,从而成为优良的智力品质。

教育条件在智力发展上起着主导作用。社会生活条件在人智力发展中的决定作用,常常是通过教育来实现的。教育是由一定的教育者按照一定的教育目的对环境影响加以选择,组成一定的教育内容,并采取一定的教育方法,来对受教育者的心理实施系统的影响。教育的主导作用与教师的能动作用分不开,一定意义上,教育的主导作用主要体现在教师的主导作用上。我做过调查,发现中小学生的智力发展水平在很大程度上取决于教师的教学。例如,我在实验点的数学教学中突出了对学生思维的智力品质的培养,不仅教学时间缩短了,而且学生的智力发展也很突出。

了解环境与教育对智力发展的决定作用,目的是创造有利于儿童青少年智力发展的环境,改变那些不利环境,因势利导,有目的、有计划地加以引导,促使他们更健康地成长。英国伟大的数学家、物理学家麦克斯韦(J. C. Maxwell)之所以迈向了数学、物理领域并取得了突出的成绩,是和他的父亲独具慧眼,对他因势利导分不开的。一次,麦克斯韦的父亲让年幼的儿子对着插满金菊的花瓶绘画,当父亲看到儿子的画后,不由得笑了起来。原来,儿子满纸画的都是几何图形:花瓶是梯形,菊花是大大小小的一簇圆圈,那些大小不一的三角形大概表示的是叶子。就是这张画,使父亲看到了儿子的数学天赋，于是加以培养、引导，小麦克斯韦也从此和数学结下了不解之缘。

尽管环境和教育对儿童青少年的智力发展起决定作用，但不能做机械、简单的理解。这种作用总是通过儿童青少年智力发展的内因实现的。

二、智力发展中内因与外因的关系

在教育工作中，教师所采用的教材、教法和教具都是外因，这些外因必须通过学生的内因才能发挥作用。在促进学生的智力发展时，绝不能搞主观主义。

（一）智力发展中的内因

心理学把智力发展的内因称为"动力"，即"心理发展的动力"。朱智贤教授认为，在人们积极活动的过程中，社会和教育向他们提出的要求所引起的新的需要与其已有的心理水平或结构之间的矛盾，是人们心理发展的动力。智力活动或心理发展的动力，首先是通过人们的活动或实践来实现的。智力是在活动过程中产生或形成的，也是在活动或实践中表现出来的。离开了活动或实践，就没有什么智力的动力可言。创造各类积极活动或实践的条件，是促使学生智力发展的前提。

智力发展的动力，一方面是新的需要，另一方面是原有的水平或结构。

需要是人对客观需求的反映，它表现为动机、目的、兴趣、爱好、愿望、欲望、理想和信念等各种形态。

原有的水平是一个既能同化又能顺应的开放、自组织、积极求进的动态系统的结构，包括原有的知识水平、智力水平及智力结构（或思维结构）等。就知识水平来说，如学生已懂得了哪些，掌握了哪些；哪些不懂，哪些虽然掌握了但还不全面、不熟练等，教师在这些方面不能心中无数，要做好摸底工作，在备课时也要考虑到这些"底数"。就智力水平或结构来说，就是学生原有的言语能力、感知能力、记忆能力、想象能力、思维能力和操作技能如何；学生的智力品质怎样；学生当时有怎样的注意状态，是专心致志还是心不在焉等。教师采用什么方法教、怎样教，必须从学生的原有水平出发，否则就难以发展学生的智力。

学生一方面达到了某种知识、智力水平，另一方面可能产生某种动机和需要。这两方面就是智力发展的内因或内部矛盾，它们互相依存、互为条件：不具备一定的知识、智力水平，就不可能产生新的动机和需要；具备了一定的知识、智力水平，不加引导，缺乏新的学习动机和需要，就不可能在原有水平上取得进步。同时，已有的水平代表事物"旧"的一面，学习新东西以发展智力的动机和需要代表事物"新"的一面，"新"和"旧"是一对矛盾。教学的任务就是构成这对矛盾，教师的职责在于按客观规律引导这对矛盾运动、循序渐进，使学生的智力逐步提高。教师采用适当的方法，激发学生的内部矛盾或认知冲突，从而调动他们的内部动力，学生通过发挥自我完善的潜能而解决存在的问题，最终使自己的心理获得发展。

数学是一个重要的学习领域，它的逻辑性、系统性、条理性很强，抽象性程度很高。数学学习必须有相应的逻辑思维能力、智力发展作为主观基础；同时，数学学习也能激发逻辑思维能力、智力发展的新需要，这种新需要不断深化，就不断地构成与原有思维水平、智力水平的矛盾，成为促进学生智力发展的最积极、最活跃的动力。下面举两个例子予以说明。

二年级小学生熟练地掌握了一步算术应用题的运算，这反映了他们直接推理的运算思维能力的水平。如果有人对他们提出一道两步算术应用题，他们就感到"为难"了。因为解答两步算术应用题所需要的两个数，往往是题目中直接说明一个，另一个必须通过间接推理找出来，这样才能完成计算任务。这样，就产生了学会解答两步算术应用题的需要。这里的"为难"过程，正是新的需要与旧的水平产生了矛盾。按二年级算术教科书的要求，教师讲解了两步算术应用题的知识，学生懂了、掌握了，矛盾便暂时解决了，他们初步的间接推理的运算思维能力也发展了。

又如，经过七年级的学习，学生初步掌握了代数、平面几何的一些基础知识。在他们的思维能力成分中，逻辑抽象成分逐步占优势，但还带有很大的具体形象成分，这就是他们此时的智力水平。从八年级开始，安排了抽象性更强、推理证明要求更高的代数和平面几何知识，这就使学生产生了发展更高的抽象逻辑思维能力的新需要。这种新需要在与原有水平产生矛盾的过程中，促进了学生的经验型抽象逻辑思维能力向理论型抽象逻辑思维能力的发展。研究表明，八年级学生的智力水平是真正的逻辑思维能力的"起步"。

在数学教学中，学生智力发展的新需要与智力发展的原有水平或状态之间的对立统一，构成了他们智力发展的内部矛盾，这就是数学教学中促进学生智力发展的动力。

智力发展的新需要是由教学要求提出来的。那么，我们应该如何提出要求呢？要求是从难好还是从易好？什么是最适当的要求？在数学教学中，过浅的要求使学生感到"吃不饱"，不能激发他们的学习兴趣与求知欲，更不能形成他们学习数学的愿望，也就是新的需要难以产生，动机系统没有力量。这样，不仅学生学不好数学知识，而且数学教学无法促进其智力的发展。

有人提出高难度、高速度和重理性的教学法。在这里，"难度"和"速度"多"高"才合适，"理性"多"重"才恰当，是值得研究的。如果"过难"，脱离了学生的原有水平，造成学生对要学习的知识、技能"望而生畏"，同样也激发不出新需要，结果只能是事与愿违，产生"消化不良"问题。

最恰当的要求是，高于学生原有智力和知识水平，但通过学生主观努力能够达到的要求。也就是说，"跳一跳，摘果子"的要求是最适宜的。为了促进学生的智力发展，我们要不断地向他们提出有一定难度但经过努力可以达到的要求，以适合他们原有的水平，使他们有努力的方向，而且这样的要求还能使学生产生较强烈的学习新需要，激发他们的认知冲突，从而促进其智力的发展。教师应重视这个问题。

（二）自觉能动性的发挥与智力发展

智力的发展取决于内因，即前面说过的心理发展的动力（新的需要和原有水平的矛盾）。而这种动力是主观的，它要见之于客观实践，这就表现为自觉能动性。离开自觉能动性谈智力发展，显然是一句空话。与我观点一致的是美国"生态智力模型"的提出者塞西（S. J. Ceci），他于1996年提出了智力发展的生物生态理论（the bio-ecological theory），认为智力是天生潜力、环境背景、内部动机之间相互作用的函数。这个理论值得我们研究并借鉴。

对于自觉能动性的问题，我在这里仅阐述两个方面。

1. 勤奋出天才

自觉能动性的实现，突出表现在意志努力与艰苦劳动上，概括地说就是"勤奋"两个字。"天才"属能力范畴，心理学指其为高度发展的多种能力最完备的结合。人要卓有成效地完成某种活动，需有多种能力的结合，心理学家多从智力因素方面研究天才构成的要素，认为天才由深邃的洞察力、良好的记忆力、机敏的思维能力、丰富的想象力、深入的实践能力及独特的创新能力等构成。

一个青年人要求爱因斯坦公开他成功的秘诀。爱因斯坦写了一个公式：$A=X+Y+Z$。A代表成功，X代表艰苦劳动，Y代表正确的方法，Z代表少说废话。这就是爱因斯坦成功的秘诀。

要使智力获得较完备的增长，没有艰苦劳动，没有勤奋努力是根本不可能的。只有经过主观努力，才能促使智力发展的内部矛盾的解决，从而使智力得到迅速发展。

古今中外，不论是政治家、军事家，还是文学巨匠、科学家等，都是经过长期坚持不懈的刻苦努力，顽强地与困难做斗争才取得成功的。如果没有百折不挠的意志，那么做任何事情都不可能取得成功，更无从谈起智力的发展。"勤奋出天才"就是这个道理。

我曾看过一段对德国著名数学家高斯的报道。高斯在他夫人重病期间，还专心致志地从事研究工作。一天，仆人告诉他，夫人的病越来越重了，高斯似乎听到了，可他还是埋头工作。过了不久，仆人又跑来对他说，夫人病很重，要求他立即去看她。高斯只是嘴上答应，实际上仍在思考问题。仆人第三次来告诉他，夫人快死了，请他去见最后一面，高斯却回答："叫她等一下……"我反对这样有悖以人为本或缺乏人性化的宣传，但我抄下这段话，主要目的是想说明高斯的聪明才智，正是来自他对工作的专心致志和不屈不挠的意志。

2. 兴趣是形成智力的契机

主观能动性的发挥要以兴趣为前提。这是一个强调内部动机的问题，尽管动机系统很复杂，但有一点是公认的，即兴趣是人类最直接、最活跃、最持久的动机成分。

打开科学家或杰出人物的传记，可以发现其中不少人的创造、成就往往和他们具有某方面的兴趣分不开。兴趣是带有情感色彩的认识倾向，也是自觉能动性的重要组成部分；兴趣是智力发展的新需要的一种表现形态，也是动机系统的重要组成部分。有了兴趣，才能使人的智力开足马力；有了兴趣，才能使人的智慧放射出夺目的光辉。孔子早在两千多年前就说过："知之者不如好之者，好之者不如乐之者。"

任何有成就的人，都热衷于自己的事业或专业，甚至到了入迷的程度。大家都熟悉英国著名科学家牛顿请客的故事。一次，牛顿请客人吃饭，自己却待在实验室里做实验。突然，他想起客人还未吃饭，就立即来到客厅。当他见桌旁空无一人，又见桌子上散乱的鱼刺、肉骨头、空酒杯和瓶子时，他竟拍着脑袋自言自语："嗨，我的记性真不好，刚才我不是和客人一起吃过饭了吗？"类似牛顿这样专心致志地着迷于自己事业的科学家数不胜数。天才的秘密就在于强烈的兴趣和爱好，这是勤奋的重要动力。智力与兴趣、爱好是互相制约的，兴趣、爱好吸引人们去从事活动，活动又促进智力的发展。而顺利地从事某种活动，也就进一步发展了这方面的兴趣、爱好。

教师应把学生的兴趣和爱好作为发挥其主观能动性并正在形成某种智

力的契机来培养。兴趣和爱好就像催化剂，它不断地促进学生去实践、探索，而实践则不断开辟着他们智慧发展的道路。我经常听到社会上呼吁"减负"，即减轻学生过重的学习负担和心理负担。然而，学生对自己有强烈兴趣的学科，花再多的时间学习也不觉得有"负担"，反而觉得是一种"享受"。有经验的数学教师都善于培养学生解数学习题的兴趣，逐步引导他们酷爱数学，从而发展他们的思维能力和智力，为他们将来深入钻研科学技术打下牢固的智慧基础。著名数学家陈景润对"哥德巴赫猜想"的兴趣，就来自他的高中数学老师——杨老师的激发和培养。可是，也有些数学教师和家长，单纯以考试成绩的好坏来评价学生，这是不全面的。考试成绩固然重要，但对于考试成绩差些的学生，教师应该具体分析其情况，多发扬他们的长处并给予引导，特别是应在培养他们的数学学习兴趣上下功夫。对于其他方面已有特长而数学成绩稍差的学生，也要注意培养和爱护，在肯定他们已有特长的同时，设法提高他们的数学学习兴趣，千万不要压制，更不能随便践踏他们的兴趣和爱好。

三、教育与智力发展的关系

既然教育在思维、智力发展中起主导作用，那么，合理的教育与思维、智力发展到底有什么关系？教育的主导作用有哪些表现？又是怎样实现的呢？

（一）儿童青少年思维、智力发展的参数

儿童青少年的思维、智力发展有一个指标问题，这个问题就是指发展的参数。参照国内关于儿童青少年生理生长发育的指标及规律的研究（叶恭绍，1980），我以儿童青少年的思维、智力发展为例，将智力乃至心理的发展参数概括如下。

- 心理的发展是由量变到质变的。儿童青少年的思维、智力发展是由不

显露的细小量变到根本的、突然的质变的复杂过程。他们的思维由直观行动思维到具体形象思维再到抽象逻辑思维，其间要经过一系列的比较明显、比较稳定的质变过程。

- 发展的时间。儿童青少年的思维、智力发展是有一定程序的，既有不断发展的连续性，又有各年龄阶段的特征——阶段性。也就是说，从思维萌芽到逻辑思维的产生、辩证思维的出现、思维的成熟，都有一定的时间性。
- 发展的速度。思维、智力发展的速度不是随时间直线上升的，而是波浪式的，是不等速的，有稳定发展的速度，也有加速期（即下一部分要讨论的关键年龄）。
- 发展的协调一致性。整个心理发展过程是统一协调的，但有时又有不平衡性。整个心理发展与思维、智力发展是共性与个性的关系。思维、智力发展尽管有其特殊性，但又依赖于它和整个心理结构的关系。
- 身心发展的关系。如前所述，生理成熟可以作为思维、智力发展的一个参考指标。
- 发展的差异性。思维、智力发展的个体差异，说明个体的思维、智力发展有自己的特点。将每个儿童青少年思维、智力的指标与常模对照，就可以断定其思维、智力及至心理发展的水平。

上述六项思维、智力发展参数，也可视为学生数学能力发展的指标。

（二）教育在智力发展中的地位与作用

教育在智力发展中的地位与作用有哪些？如前所述：一是教育成为智力发展的可能性变为现实性的必要条件；二是教育可以加速或延缓智力发展的进程；三是教育使智力发展显示出特定的具体形式和个别差异。有经验的数学教师对这些肯定深有体会。

培养智力的途径是多方面的。数学教学与学习，是促进学生智力发展的一个重要方面。中小学数学教学的目的，应该是使学生获得数学的基本知识，掌握计算、作图和测量等技能技巧，并把这些知识和技能技巧运用到生活、学习乃至自然界的其他方面；通过数学教学，发展学生的运算能力、空间想象能力和逻辑思维能力，使数学教学任务服从于整个教育任务。我们的教育任务之一是促进受教育者的心理发展，特别是智力与能力的发展。从教育措施到智力乃至心理发展的实现，如第一章所述，是以学生对教育内容的领会或掌握为中间环节的，要经过一定的量变和质变过程。

经过教育和教学，使学生逐步领会和掌握知识经验是十分重要的。领会和掌握的知识经验，从内容上说，有思想道德、学科知识、基本活动经验等方面；从形式上说，是基本知识（包括基本概念）和基本技能（有的进一步成为技巧）。领会和掌握知识经验，是从教育到智力乃至心理发展的中间环节，这对智力乃至心理发展来说，是一个"量变"的过程，它是智力乃至心理发展这个"质变"的基础，如图2-1所示。

图 2-1 教育与发展关系的示意图

从图2-1中可以看出，智力发展绝不能停留在知识经验的领会和掌握上。智力的发展尽管离不开知识经验，但它不仅是指基本知识和基本技能的提高，更重要的是指引导学生体验、理解、思考（思索）和探究（探索），以发展观察、记忆、思维、想象、语言能力和操作技能（含实验能力和实践能力），特别是思维品质等。因此，教育和教学的目的不仅是使学生领会和掌握知识经验，更重要的是发展智力，当智力乃至心理上引起变化，才是从教育到心理发展的质变过程。

知识经验的领会和掌握与智力乃至心理发展的关系，是一个从量变到质变的关系。知识、技能和智力的关系是目前教育界、心理学界讨论较多的课题之一。知识、技能不等于智力，知识、技能的高低并不一定意味着一个学生智力的高低，但知识、技能与智力又是相辅相成的，智力的发展是在掌握和运用知识、技能的过程中完成的。试想，一个不学习、不训练，什么事情都不做的人，他的智力怎么能得到发展呢？知识和技能是智力发展的基础，也就是说，智力的水平取决于学生所领会的知识和掌握的技能。同时，智力在一定程度上又制约着知识、技能可能取得的成就，发展学生的智力与能力能促进"双基"的提高。因此，数学教学的基础是传授数学知识。与此同时，教师必须考虑如何培养和提高学生的数学能力，即前文提到的运算能力、空间想象能力和逻辑思维能力，以达到中小学数学教学的目的。具体的正如教育部颁布的《义务教育数学课程标准（2011年版）》所指出的："在数学课程中，应当注重发展学生的数感、符号意识、空间观念、几何直观、数据分析观念、运算能力、推理能力和模型思想……应用意识和创新意识。"（中华人民共和国教育部，2012）也就是说，要发展学生的数学学科能力。

（三）数学教学中的启发式教学

教学中，我们应如何以促进学生的兴趣和爱好为契机，使他们获得知识与技能，然后质变成发展智力的基础呢？启发式教学就是一个重要方法。注重启发式教学和因材施教，教师可以引导学生独立思考、主动探索，使学生理解和掌握基本的数学知识与技能、数学思想和方法，获得基本的数学活动经验，从而为数学能力尤其是为抽象概括、推理和建立模型的能力奠定基础。

启发式教学的最大特点，就是激发学生的兴趣，引导学生动脑筋、想问题，最大限度地调动学生学习的主动性、积极性，使其努力去获取知识。这样，才能逐步培养学生勤于思考问题的习惯和善于解决问题的能力，才能发展他们的思维和智力。

怎样运用启发式教学呢？办法很多，例如，课堂教学的组织安排必须符合认识规律，使学生对一个道理、一种方法由不懂到懂，由不会到会，由提出问题、解决问题到得出结论，使学生从中尝到甜头，产生兴趣。教学的目的要明确，使"教"的目的变成"学"的目的，学生对学习目的和任务认识得越清楚、越深刻，学习就越有兴趣、越自觉。充分利用直观和经验使学生在掌握较抽象的事物时看得见、摸得着，能够由感性到理性、由简单到复杂、由浅入深，这样既便于学生产生兴趣、接受知识，也有利于学生由具体形象思维向抽象逻辑思维过渡。要重视运用"比较"的方法，使学生认识事物的异同并对事物的本质产生兴趣。要善于提问，揭示矛盾，引导学生带着浓厚的兴趣去积极思维，逐步地解决问题，获得新知识。

可见，启发式教学绝非像一些人所说的就是"提个问题"，问问"是不是""对不对"。要善于提问，问在点子上才能启发在关键处。有位有经验的数学教师，在讲完"10 的整数次幂以外的有理数的对数不能是整数或分数"后进行了如下教学。

问："那么它是什么数呢？"

答："是无理数。"

问："什么叫无理数？"

答："不循环的无限小数叫作无理数。"

问："根据上述结论，你能猜想一下对数尾数中的数大部分是什么数吗？"

答："是无理数。"

这位教师发现课本上等差数列的图像有差错，他没有直接让学生改正，而是在讲完等差数列通项公式 $a_n = a_1 + (n-1)d$ 后，向学生提问："若 a_1、d 是已知数，a_n 是哪个变量的函数？是几次函数？"学生都能回答。教师又问："一次函数的图像是什么？"学生回答："是一条直线。"接着教师让学生看书上的图像，确实是一条直线。这似乎已经无可怀疑了，但他又接着问道："这个函数中的自变量 n 可以是任何数吗？"学生回答："必须在自然数集合内变化。"教师再问："那么它的函数图像还能是一条直线吗？"学生恍然大悟："不能。"

教师通过提问、启发，使学生在发现—理解—改正错误的过程中，提高了数学学习的兴趣，增强了学习积极性，不仅领会、掌握了知识和解题技能，还发展了逻辑思维能力，这要比教师直接让学生改正书上的错误收获大得多。

启发式教学要注意学生心理发展的年龄特征。对于不同年级的学生，提问的方式及深度应有所不同。对于低年级学生，教师提的问题不宜太复杂，不要一连串地问"为什么"。随着学生年级的增长，学习水平的提高，问题的难度、深度都可适当增加。这样，通过提问、启发，可使学生的学习兴趣也"水涨船高"。只要他们有了学习兴趣，其智力发展的内部矛盾即动力就能被激发。

四、智力发展中年龄特征与个体特点的关系

在智力发展中，年龄特征与个体（或个性）差异问题十分重要。

年龄特征，包括生理的年龄特征和心理的年龄特征。这两者联系密切、相互影响。所谓心理的年龄特征，是指儿童青少年在一定的社会和教育条件下，在心理发展的各个不同年龄阶段所形成的质的心理特征。

（一）智力乃至心理发展的阶段性

智力乃至心理的年龄特征，是针对智力乃至心理发展的阶段性而言的。儿童从出生到成熟，大致经历了六个重大时期：乳儿期（0—1岁，或称婴儿早期）、婴儿期（1—3岁，或称婴儿晚期）、幼儿期（3—6岁，又称学龄前期）、学龄初期（相当于小学阶段，又称童年期）、少年期（大约为初中阶段）、青年初期（大约为高中阶段）。这些阶段相互联系又相互区别，一个时期接着一个时期，新的阶段代替着旧的阶段，不能超越，也不能倒退。从发展趋势看，各种智力乃至心理现象在各年龄时期或阶段的次序以及时距大体上是恒等的。

（二）智力乃至心理发展年龄特征的代表性

智力乃至心理发展的年龄特征，是儿童青少年智力乃至心理发展在一

定年龄阶段中的那些一般的、典型的、本质的特征。所谓"一般",就是指"非个别";"典型",就是指有代表性;"本质",不是指"现象"。在数学学习上,学生所表现出的这种一般的、典型的、本质的特征,就是在对数量和数量关系的抽象概括能力与对图形和图形关系的抽象概括能力的发展变化上。一切科学在研究特定事物的规律时,总是从事物的具体的、多种多样的表现中概括出一般的、本质的东西。具体的事物是最丰富的,但事物的本质是最集中的。儿童青少年的心理年龄特征就是从许多具体的、个别的儿童青少年心理发展的事实概括出来的,是一般的、典型的、本质的东西。思维发展也表现出这种稳定的阶段性。

出生至 3 岁的思维形式,主要是直观行动思维;幼儿期或学龄前期的思维形式,主要是具体形象思维;学龄初期或童年期的思维形式,主要是形象抽象思维,即处于从具体形象思维向抽象逻辑思维过渡的阶段;少年期的思维形式,主要是以经验型为主的抽象逻辑思维;青年初期的思维形式,主要是以理论型为主的抽象逻辑思维。

以学龄初期或童年期为例:小学儿童的思维是形象抽象思维,这是就最一般的、典型的、本质的东西来说的。事实上,一年级儿童的思维还是以具体形象思维为主要形式,与幼儿末期差不多;五年级儿童的思维尽管还带有具体形象性,但基本上是抽象逻辑思维了。小学生的思维,总的趋势是从具体形象思维向抽象逻辑思维过渡。由此可见,儿童青少年的心理年龄特征是指某一阶段的一般特征、典型特征、本质特征,而在这一阶段之初,可能保留着大量前一阶段的年龄特征;在这一阶段之末,也可能产生较多下一阶段的年龄特征。

(三)智力乃至心理发展中的"关键年龄"

智力乃至心理发展的年龄特征还表现为在每个年龄阶段会出现"关键年龄"。智力乃至心理发展有一个从量变到质变的过程,有一个由许多小的质变构成一个大的质变和飞跃的过程。每一个智力过程或个性特点都要经过几次飞跃或质变,并表现出一定的年龄特征,这种年龄特征的形式叫作关键年龄。

我的研究表明：在儿童青少年智力发展中，学龄前阶段，2—3岁（主要是2.5—3岁），5.5—6岁，是儿童思维（智力）发展的关键时期。前者是直观行动思维向具体形象思维发展的一个转折点；后者是在具体形象思维基础上，开始产生抽象逻辑思维。

小学阶段，四年级是学生思维（智力）发展的关键时期，这一点在学生数学学习中表现得更为明显，也就是说，四年级是具体形象思维向抽象逻辑思维发展的一个转折点。

中学阶段，关键时期在八年级。八年级是中学生思维发展过程中的转折点。所以北京市第五中学著名的数学老教育家陈宏先生与我谈到学生数学学习时曾说：八年级学生真正进入了抽象逻辑思维阶段。也就是说，八年级在学生的思维发展过程中是个重要时期，七年级学生与小学高年级学生的思维类型还相差不大，而八年级则是抽象逻辑思维新的起点。从这个时期开始，抽象逻辑思维开始从经验型逐步向理论型发展。因此，八年级学生的抽象逻辑思维处于质的"飞跃"时期。此外，八年级在学生的品德发展过程中也是个重要时期。中学阶段的"乱班"往往产生于八年级，学习成绩的"分化"产生于八年级，中学生品德进步或走下坡路也常常发生在八年级。思维的质变既与生理有关，又与学习有关；而品德发展的"飞跃"却更多地与教育的地位和作用密切相关。

当然，也不能将关键年龄绝对化，关键年龄往往来自教育。因此，认为"过了这个村就没有那个店"，是夸大了关键年龄的作用，是没有必要的。

（四）中小学生智力乃至心理发展的成熟期

在中小学生智力乃至心理发展的过程中有一个成熟期，这个成熟期一般在高一末期、高二初期。到了成熟期，每个人的心理过程和个性特点等就基本定型并保持相对的稳定性。北京市有几所中学做过追踪调查，发现九年级毕业报考高中的"尖子"，一年后他们的智力、学习能力和学习成绩变化很大；但是从高一末期到高中毕业，他们却在品、学两方面都保持相对的稳定性；升入大学后，高二时品学兼优的学生，在大学里绝大部分仍然如此。调查结果说明，心理发展成熟前与成熟后的心理现象，明显的差异在于其可塑性。成熟前学生的可塑性大，应抓紧训练、培养；成熟后并非不能再发展，但可塑性小，较难训练、培养。因此，教师抓紧学生成熟前的塑造，是十分必要的。

（五）智力乃至心理发展年龄特征的稳定性和可变性

在智力乃至心理发展中，既然存在着年龄特征，那么不同时代、不同地区和不同个体的同龄学生，他们的智力乃至心理发展的年龄特征是不是一模一样呢？不是的。在一定的社会和教育条件下，智力、心理发展的年龄特征既表现出一定的稳定性，又表现出一定的可变性。一方面，智力、心理发展的一些因素，如阶段的顺序性和系统性，每一阶段的变化过程、范围、幅度和速度，大体上都是稳定的、共同的。另一方面，由于社会和教育条件在每个学生身上起作用的情况不尽相同，因而在智力、心理发展的过程和速度上，彼此之间可以有一定的差距，这也就是所谓的可变性。这个可变性不仅表现出学生之间的个性或个体差异，而且表现在不同社会生活条件或教育条件下，使社会人群某些心理发展的程度和速度产生一定的变化。稳定性和可变性是相辅相成的，它们的存在都是相对的，它们的关系是一般性与个别性的统一、典型性与多样性的统一。

在教育中，为什么要提倡"学有特色"，为什么强调"因材施教"？因为人才及其智能存在着个体差异。

- 从发展水平的差异看，可以表现为超常、正常和低常的层次差异（即古人所说的"上智""中人"和"下愚"），突出地表现在一个人的思维或智力品质上。例如，在数学运算中，有的人算得快，有的人算得慢；有的人灵活，有的人呆板；有的人算法新颖，有的人死套公式。
- 从发展方式的差异看，有认知方式的区别，特别表现为认知方式的场独立性与场依存性。

- 从组成类型的差异看，可以表现为各种心理能力或学科能力的组合和使用的区别。由于智力组成的复杂性，就存在着智力的类型差异：有的人抽象逻辑思维占优势，有的人具体形象思维占优势，有的人则偏于中间型。学生的偏理、偏文或不偏科就是这种差异的表现。特别是，学生在同一种活动中的同样成绩，可以由不同智力的结合所决定。因此，同龄学生对同一问题的解决会有各种不同的方式方法。
- 从表现范围的差异看，可以表现为学习领域与非学习领域、表演领域与非表演领域、学术领域与非学术领域的区别。在一定程度上，这种差异也是特殊能力的反映。
- 从特殊智力与一般智力的关系看，还可以表现出智力发育早晚的差异。历史上有过"人才早熟"的记载，也有过不少智力晚熟或"大器晚成"的事例。

学生在智力与能力发展上的种种个体差异，决定了教学必须强调因材施教。注重这种差异性，才能使我们更好地处理一般教育与"个性（个别）教育"的关系，做到"一把钥匙开一把锁"。因此，数学教学既要面向全体学生，更要适应学生个性发展的需要。也就是说，既要使每个学生都获得应有的优质数学教育，又要使那些在数学上有特长的学生得到更多的发展机会。

第三章　智力与创造力

"创造力"(创造性,creativity)与"创新"(innovation)在心理学里往往被视为同义语。创造力与智力的关系一直是心理学界的一个争议课题。

智力是创造力的必要条件。人要解决创造性的问题,必须有智力,但智力不是创造力的充分条件,因为一个人在创新或创造的过程中,不仅要有智力因素,而且要有非智力因素,还要有创新的环境。换句话说,智力与创造力有适度的相关性,然而高水平的智力与创造力之间的相关性很弱,智力可能在一定程度上可以激发创造力,但是它并不能保证有创造力。与智力较低的人相比,高智力的人也许有发展出更高水平创造力的潜力,但创造力水平的高低还要取决于其他条件,包括外在的环境、氛围等自然的和社会的因素。

我国是一个富有创造性的国家,有一本外国人写的书《中国的创造精神——中国的100个世界第一》,讲我国有100个"世界第一"(坦普尔,2004)。例如,在数学上,中国人率先提出了"十进制记数法""算术中0的位置""负数""求高次方根和解高次数字方程""十进制小数""代数学在几何中的应用""杨辉三角"以及"圆周率π的精确值"等。说到π的精确值,早在公元3世纪,刘徽从圆的内接正192边形开始,一直计算到更加"逼近"于圆的内接正3072边形,这样他算出了圆周率的近似值为3.14159。此时中国人已超越了希腊人。到5世纪,数学家祖冲之和祖暅父子把π"精确到"小数点后35位。从中不仅可以看出中国人的创新精神,而且能体会到数学促使人创新或创造。

一、创造性人才的特征与成长环境

今天,我们需要各种各样的人才,突出的还是创造性人才,所以才有教育界的"素质教育"。素质教育是以创新精神为核心的教育,倡导学生所具备的能力,不仅有学习能力,而且有实践能力和创新(或创造性)能力(即创造力)。

什么是创造性?这是一个有争议的问题。目前国际心理学界的研究中出现了三种倾向:第一种认为创造性是一种或多种心理过程;第二种认为创造性是一种产品;第三种认为创造性是一种个性,不同的人有不尽相同的创造性。

我认为,创造性既是一种心理过程,又是一种复杂而新颖的产品,还是一种个性特征或品质。我和朱智贤教授把"创造性"定义为:根据一定目的,运用一切已知信息,产生出某种新颖、独特、有社会价值或个人价值的产品的智力品质。这里的产品是指以某种形式存在的思维成果,它既可以是一个新概念、新思想、新理论,也可以是一项新技术、新工艺、新作品(林崇德,1983,1992,2013;朱智贤,林崇德,1986)。很显然,这一定义是根据结果来判别创造性的,其判断标准有三,即产品是否新颖、是否独特、是否具有社会或个人价值。"新颖"主要指不墨守成规、敢于破旧立新,这是相对历史而言的,为一种纵向比较;"独特"主要指不同凡俗、别出心裁,这是相对他人而言的,为一种横向比较;"有社会价值"是指对人类、国家和社会的进步具有重要意义,如重大的发明、创造和革新;"有个人价值"则是指对个体的发展有意义。可以说,人类的文明史实际上是一部灿烂的创造史。

个体的创造性一般是通过进行创造活动、产生创造产品体现出来的,因此根据产品来判断个体是否具有创造性是合理的。此外,产品看得见、摸得着,易于把握,而且人们对个体的心理过程、个性特征的本质和结构并不十分清楚。因此，以产品为标准比以心理过程或创造者的个性特征为指标，其可信度更高些，也符合心理学研究的操作性原则。可以认为，在没有更好的办法之前，根据产品或结果来判定创造性是切实可行的方法和途径。我们之所以强调创造性是一种智力品质，主要是把创造性视为一种思维品质，重视思维能力的个体差异的智力品质，更强调个性特征（朱智贤，林崇德，1986；林崇德，1992，1999）。简言之，创造性是根据一定目的产生有社会（或个人）价值的具有新颖性成分的智力品质。

综上，尤其是考虑到智力与创造力的关系，我认为：创造性人才＝创造性思维（智力因素）+创造性人格（非智力因素）。此外，还要强调创造性的环境。

中国有许多数学界的巨匠，华罗庚先生是其中的一员。华罗庚上小学时，一天老师出了一道题："今有物不知其数，三三数之剩二，五五数之剩三，七七数之剩二，问物几何？"华罗庚马上就算出了答案"23"，老师高度称赞他的运算能力。后来，华罗庚因为家庭经济困难不得不退学去当店员，但他仍然一边工作一边自学。1930年，华罗庚发表了一篇论文《苏家驹之代数的五次方程不成立的理由》，得到清华大学数学系主任熊庆来的关注。当时熊庆来以为华罗庚是留学归来的大学教授，当知道他原来只是个19岁的小店员时，熊庆来非常感动，把华罗庚请到清华大学。华罗庚在清华大学学习的四年中，在熊庆来教授的指导下发表了十几篇论文，后来又到英国留学，获得了博士学位，成为著名的数论专家，提出了著名的"华氏定理"。华罗庚的故事有助于我们理解什么是创造性人才。

(一) 创造性思维（创造性智力因素）

所谓创造性思维，即创造性智力因素，有五个特点及表现。

1. 创造性思维是新颖、独特且有意义的思维活动

创造性的首要特点是创新性。然而，"新颖""独特"未必是"好"，这就应强调"有意义"，指对社会或个人有价值。在教学实验中，我首先强调创新解题，且解好题。例如，我们课题组曾抓小学生自编应用题，以此突破难点，使学生进一步理解数量间的相依关系，不仅提高他们解应用题的能力，而且促进其智力和创造力的发展。

2. 创造性思维的内容为思维加想象

通过想象，加以构思，才能解别人所未解决的问题。学生在任一学科的学习成效都与他们的想象力密切相关。因此，我在教学实验中提倡的做法是：①丰富学生有关的表象；②教师善于运用生动的、带有情感的语言来描述学生所要想象的事物形象；③培养学生做出正确的、符合现实的想象；④指导学生阅读文艺作品和科幻作品。发展学生的空间想象力是数学教学的主要目的之一。

3. 创造性思维过程中会出现"灵感"

在创造性思维的过程中，新形象和新假设的产生带有突发性，常被称为"灵感"。灵感是长期思考和艰苦劳动的结果，是人的全部高度积极的精神力量。灵感与创造动机和对思维方法的不断寻觅有紧密联系。许多有创造性的数学家都是这样的。灵感状态的特征，表现为人的注意力完全集中在创造的对象上，所以在灵感状态下，创造性思维的工作效率极高。

小学生没有灵感；在中学阶段，灵感也只是开始，还很不明显；18 岁以后，灵感获得较迅速的发展。但是，儿童青少年都有灵感基础之一的有意注意，所以我们课题组十分重视中小学生有意注意的培养。在培养学生的有意注意中，除了从非智力因素入手之外，我们还在改革教学内容和教学方法上下功夫。我们课题组所编的中学数学学科补充教材和中小学数学学科实验教材、思维品质练习材料都有利于调动学生学习的积极性，增强有意注意，为灵感的萌芽和形成奠定基础。

4. 创造性思维是分析思维和直觉思维的结合

分析思维就是按部就班的逻辑思维，而直觉思维则是直接领悟的思维。人在思维时有两种不同方式：一是分析思维，即遵循严密的逻辑规律，逐步推导，最后获得符合逻辑的正确答案或得出合理的结论；二是具有快速性、直接性和跳跃性（看不出推导过程）的直觉思维。

例如，一位数学教师在黑板上出了一道有一定难度的因式分解题，题刚出完，就见一名学生冲上去用"十字相乘"的方法解了题。教师问："你能否说出解题的道理？"学生直摇头。"你是怎么想的？""说不出来。""那你为什么要用'十字相乘'法？""我也说不清，只是一看就知道这么做对。"这是较典型的直觉思维例子，从中可见直觉思维的特点：一是快速，二是直接，三是看不到推导的过程，四是坚信感，五是个性化，六是或然性。

从表面看来，直觉思维过程没有思维"间接性""语言化"或"内化"的表现，是高度集中的"同化"或"知识迁移"的结果。难怪直觉思维被爱因斯坦视为创造性思维的萌芽。所以，我们在教学中对学生的直觉思维，一是要保护，二是要引导。尤其在八年级以后，要逐步引导学生学会"知其然，又知其所以然"。

5. 智力创造性是辐合思维和发散思维的统一

辐合思维和发散思维是相辅相成、辩证统一的，它们是智力活动中求同与求异的两种形式。前者强调主体找到问题的"正确答案"，强调智力活动中记忆的作用；后者则强调主体主动寻找问题的"一解"之外的答案，强调智力活动的灵活性和知识迁移。前者是后者的基础，后者是前者的发展。在一个完整的智力活动中，离开了过去的知识经验，没有辐合思维所获得的一个"正确答案"，就会使智力灵活失去出发点；离开了发散思维，缺乏对学生灵活思路的训练和培养，就会使思维呆板，即使学会一定的知识，也不能展开和具有创造性，进而影响知识的获得和辐合思维的发展。因此，我们在培养智力灵活性的时候，既要重视"一解"，又要重视"多解"，且要将两者结合起来，我们可以称它为合理而灵活的智力品质。

40多年来，我们将以上五个方面的特点作为创造性思维的研究指标，同时，也作为实验学校培养学生创造性思维的措施。尽管我们获得的是一些粗浅的理论，但是在实验学校乃至基础教育界产生了一定的影响。这里我还要申明智力和创造力的关系：智力是获得创造力的必要条件，但不是充分条件。智力水平高的人比起智力水平低的人，肯定具有更大的创造力发展潜力，但能不能产生创造力，往往还要由人格因素和环境因素来决定。

（二）创造性人格（创造性非智力因素）

创造性人才更需要创造性人格（或个性）。所谓创造性人格，即创造性非智力因素。美国心理学家韦克斯勒（Wechsler，1950）曾收集了众多诺贝尔奖获得者青少年时代的智商材料，结果发现，这些诺贝尔奖获得者中大多数不是高智商者，而是中等或中上等智商者，但他们的非智力因素与一般人有很大差别。前面提到的华罗庚出身贫寒，仅初中毕业，他之所以能成为世界级数学家，除了天赋，主要靠其非智力因素，尤其是兴趣、勤奋、坚持与信心。

关于创造性人格的研究，在国际上较著名的有两位研究者。吉尔福特（1967）指出，创造性人格具有八个特点：①有高度的自觉性和独立性；②有旺盛的求知欲；③有强烈的好奇心，对事物运动的机理有深究的动机；④知识面广，善于观察；⑤工作中讲求条理性、准确性、严格性；⑥有丰富的想象力、敏锐的直觉，喜好抽象思维，对智力活动与游戏有广泛的兴趣；⑦富有幽默感，表现出卓越的文艺天赋；⑧意志品质出众，能排除外界干扰，长时间地专注于某个感兴趣的问题。

斯腾伯格（1986）提出创造力的三维模型理论，第三维为人格特质，由七个因素组成：①对含糊的容忍（类似中国人讲的"难得糊涂"）；②愿意克服障碍；③愿意让自己的观点不断发展；④活动受内在动机的驱动；⑤有适度的冒险精神；⑥期望被人认可；⑦愿意为争取再次被认可而努力。

经过20余年的研究，我和朱智贤教授将创造性人才的创造性人格概括为五个方面的特点：①健康的情感，包括情感的程度、性质及其理智感；②坚强的意志，即意志的目的性、坚持性（毅力）、果断性和自制力；③积极的个性意识倾向，特别是兴趣、动机和理想；④刚毅的性格，特别是性格的态度特征（例如勤奋）和动力特征；⑤良好的习惯（朱智贤，林崇德，1986；林崇德，1992，1999）。

40多年来，我将以上五个方面的特点作为创造性人格特征的研究指标，同时，也作为实验学校培养学生创造性人格的措施，获得了一些不成熟的看法，并在基础教育界传播。

由此可见，培养和造就创造性人才，不仅要重视培养创造性思维，而且要特别关注创造性人格的训练；不能简单地将创造性视为天赋，更要将它看作后天培养的结果；不要把创造性的教育局限于智育，而应看作整个教育，即德、智、体、美诸育的整体任务。

(三) 创造性或创新的环境

创造性人才的成长所需要的环境包括：家庭环境、学校（教育）环境、文化环境、社会环境、所在的工作单位环境和资源环境等。这里我特别强调，创造性人才的成长需要一个民主的、和谐的创造性或创新的环境。所谓和谐，主要指处理好和协调好各种各样的关系。心理和谐与社会和谐是一致的。正因为如此，进一步营造鼓励创新的环境，使创新智慧竞相迸发，创造性人才大量涌现，进而培养和造就世界一流科学家和科技领军人才，显得越来越重要。

和谐社会要处理的三种关系包括个人与自我的关系、个人与他人的关系和个人与社会的关系。从心理和谐角度来说，围绕这三种关系，我们的工作必须考虑六种关系。

- 处理和协调好个人与自我的关系。信心是其首要条件，创新需要创新者有信心，有自信、自尊、自立、自强的精神。
- 处理和协调好个人与他人的关系。团队建设应该是创新队伍人际关系的首项，有了团队合作的精神，就能使一个队伍中的每个成员发挥更好、更大的创造力。
- 处理和协调好个人与社会的关系。爱国主义当然是其核心，只有明国情、懂国格、树国威、知国耻、扬国魂的爱国精神，才是创新的最大动力。

- 处理和协调好个人与自然的关系。这就是"天人合一"的要求，创新需要树立良好的环境观，创造性人才要拥有爱护生命、爱护环境、爱护自然的品质。
- 处理和协调好硬件与软件的关系。创新离不开硬件这个必要的条件，但更要求我们坚持以人为本的原则，以充分调动人的积极性。人是创新的第一要素。
- 处理和协调好中国和外国的关系。"洋为中用"是这种关系的行动纲要，创新过程要求我们处理好国际化与民族化之间的关系。越是民族化的，就越能显示国际化。

总之，和谐凝聚力量，和谐成就伟业。创造性人才的成长离不开民主、和谐的良好环境。

二、创造性教育的实施与"T"型人才的培养模式

2003年，我主持了一个教育部人文社会科学重大攻关课题，题目为"创新人才与教育创新"。我的弟子金盛华教授承担的子课题叫"创新拔尖人才效标群体的研究"，研究对象是我国34位理工科院士和38位文科国宝级专家，他们的成长有一个共同点，即离不开教育或教师的因素。这使我联系到"创造性教育"这个国际创造力培养的问题。

我们该怎样理解创造性教育？它的前提是上述的智力和创造力的关系与创造性人才的智力、非智力及环境三要素。所以，我认为创造性教育作为一种教育理念，无论人们有着怎样不同的理解，但有一点是共同的，即其实质在于培养人的创造性素质，包括创新意识和创新精神、创造性思维和创造性人格、创造性能力和实践能力等几个层次，它们涵盖了创造性的动力系统、认知系统、个性系统和行为系统，且各层次之间相互影响、交互作用，构成创造性素质这一有机整体。换言之，创造性教育是指在创造型学校环境中，由创造型教师通过创造性教学方法培养出具备创造性素质

的学生的过程。

（一）创造性教育是学校三种群体产生五种效能的教育

三种群体是指校长为首的管理队伍、教师队伍和广大学生。产生的五种效能为：由创造型校长创造出创造型管理；由创造型管理创造出创造型学校环境；在校长的带动下，建设一支创造型的教师队伍；由创造型的教师进行创造性教育教学；在创造性教育教学工作中培养出创造型学生。具体地说，创造性教育不需要专门的课程和形式，但必须依靠改革现有教育思想、教育内容和教育方法来实现，渗透到全部教育活动之中，特别要考虑：①呈现式、发现式、讨论式和创造式的开放教学方式；②辐合思维和发散思维的教学效果；③创造性教育教学与学生身心发展的关系；④学科教学、教学方法和课外活动的作用。

在创造性教育中，如何运转上述诸要素使之产生五种效能呢？

1. 提倡学校环境的创造性

首先，要提倡学校环境的创造性，主要包括校长的个性品质、指导思想、学校管理、工作方法、环境布置，以及教学的评估体系和班级气氛等多种学校因素的创造性。应该指出，民主气氛是学校众多因素的关键，学校里是否有民主气氛是能否进行创造性教育的关键。学校本是发现、培养创造性人才的场所，然而现实并非如此，大多数学校太注重学生的学业而排斥了其他方面，这样就压制了教师和学生创造性才能的发挥。因此，优化学校环境的创造性是促进学生创造力发展的必要条件。

2. 建设创造型的教师队伍

要开展创造性教育必须建设创造型的教师队伍，因为在学生的创造性素质的发展过程中，教师起着主导作用。要有创造型的教师，就是指要有那些善于吸收最新教育科学成果，将其积极应用于教学中，并且有独特见解，能够探索出行之有效的教学方法的教师。其内容主要包括教师的创造性教育观、知识结构、个性特征、教学方法和管理艺术。特别是教学方法，这是能否培养和造就创造性人才的关键之一。教师在传授知识、经验和文化的同时，更要注重培养人、塑造学生的心灵、改善他们的精神世界。即使在传授知识时，也要讲清知识来自创造、重在应用的道理。因此，一位优秀教师绝不是传声筒般的教书匠，而应该是教育目的的实现者、教学活动的组织者、教学方法的探索者和教育活动的创造者。为此，我担忧一点：我国高校教师目前的教学比中小学教师更死板。这里，我特别想指出，高校只有以创造性教育作为基本手段和培养方向，才能适应社会需求，否则就会削弱自身的社会地位和特殊作用，甚至有被社会淘汰的危险。

托兰斯（E. P. Torrance）研究发现，教师在创造性动机测验中的成绩与学生的创造性写作能力之间存在一定的正相关，这表明教师创造性的高低对学生创造力的培养效果是至关重要的。教师们往往倾向于喜欢高智商的学生而不是高创造力的学生（Torrance, 1962）。因此，研究教师的创造性教育观、个性特征、知识结构、教学方法及管理艺术对培养和发挥教师的创造性具有现实指导意义。

前边提到的陈景润的数学兴趣来自高中时期的数学老师杨老师的引导。数学家哪里来，要靠数学界的伯乐。中国科学界在赞美华罗庚时，不会忘记他的老师、中国近代数学的先驱——熊庆来。熊庆来自身是著名的数学家，主要从事函数论方面的研究，定义了一个被国际上称为"熊氏无穷数"的无穷级函数。同时，熊庆来为中国的数学人才培养做出了卓越的贡献。1930年，在清华大学任数学系主任的熊庆来在学术杂志上看到了华罗庚发表的论文，了解到华罗庚的自学经历和数学才华后，请只有初中文化程度的华罗庚来到清华大学，使其最终成为世界著名的数学家。熊庆来一生中培养了多名青年数学家，包括后来的中国科学院院士杨乐和张广厚等。

3. 培养学生创造性学习的人格或个性

学生是创造性教育的对象，所以要培养学生创造性的人格或个性。任何创造性活动，都受人格或个性的极大制约，都需要突破已有观念、方法与理论。所以教师应促进学生一丝不苟地、独立地、自信地用严峻的眼光审视周围环境，不是人云亦云，而是有内驱力，以勤奋好学、孜孜不倦、锲而不舍的精神去探索未知世界。我曾对学生创造力与智力、非智力因素的关系做过研究，结果表明：创造力与其他智力的思维品质的相关系数在0.40以上，这个相关系数不算太高，但也不算低。因此，在教育教学中，既要重视学生的智力培养对创造力发展的作用，更要注意学生的非智力因素，尤其是"创造"的成就动机对创造力发展的作用。

（二）人人都有创造力

我们通过研究曾多次强调，人人都有创造力，创造教育要面向全体学生（朱智贤，林崇德，1986；林崇德，1983，1992，1999）。2016 年 9 月 15 日，《光明日报》在头版头条刊发了《数学教育的上海密钥》这篇文章，介绍了上海的中小学数学教育改革的成功之路。近 30 年来，上海数学教育界始终致力于培养学生的数学素质和终身学习能力，以学生发展为本，改变以升学为中心的"应试教育"和以必修为主题的课程教学模式。他们的课程改革面向所有学生的发展，最终获得了良好的成效。在经济合作与发展组织（Organization for Economic Cooperation and Development，OECD）开展的国际学生评估项目（Program for International Student Assessment，PISA）中，上海学生的数学成绩连续两届位列全球第一。在课堂上，教师们以充满乐趣的教学方式引导学生，让"数趣"充盈课堂，也让每个学生都充分发挥自己的创造性，迫切而自信地进行尝试和探索。

在过去的心理学中，创造力的研究对象局限于少数杰出的发明家和艺术家。我认为，创造性是一种连续的而不是全有全无的品质。人人乃至儿童都有创造性思维或创造性；人的创造性素质及其发展，仅仅是类型和层次上的差异，因此不能用同一模式去培养学生的创造性。创造性教育要大众化，尤其在学校里，每个学生都可以通过创造性教育获得创造性的发展。我们要从全局看问题，从未来看问题，从发展看问题，千万不要对学生武断地定论："我对你一碗清水看到底！"（似乎是说"像你这号人还有什么创造性？"）这样做是与"人人都有创造力"相违背的，至少忘了教育家陶行知的名言："你的教鞭下有瓦特，你的冷眼里有牛顿，你的讥笑中有爱迪生。"在创造力的发展中，人人（包括伟人）都有短处，也有长处。创造性教育要贯彻"因材施教"的原则，使受教育者"扬长避短"。

在创造性教育中，首先要树立正确的教育观念，尤其是正确的人才观念。这就是要强调人才的多样性、广泛性和层次性，能为社会做出贡献的都应视为人才。同时，我们应该认识到，尽管随着时代的发展，社会需要高学历、高学位的人才，但社会同样需要低学历、低学位的人才；需要受过一定的系统教育的人才，也需要在实际工作中自学成才和有一定特长或专长的人才。他们都在不同程度上表现出创造性，有的还十分突出，即所谓"行行出状元"。他们都是社会必不可少的人才。

现代教育观念还对学校如何培养未来人才提出了新要求：要重视培养学生的创新精神和创造才能，以及独立获取知识并运用知识解决实际问题的能力；要尊重学生的人格，重视发展学生的个性特长。本着这种教育观念，我们应面向未来，以培养"T"型人才为教育目的，革新教学内容，积极稳妥地改革课程和教材，大胆地投入改进教学方法的实验研究中，并积极地改革考试内容和考试方法，突出创新精神和创造性的考查。只有这样，才能使我们的教育教学满足培养未来人才的新要求。

（三）融东西方教育模式为一体，培养"T"型人才

自 20 世纪 70 年代末开始，我一直在思考创造性教育的问题。

心理学越来越重视研究人力资源，即人的能力、智力、知识、技能以及积极性、主动性、创造性等问题，对人类的知识结构则强调广博与精深的区别。我国人才学研究者也重视按知识的结构来划分人才的类型，形象地用"—"表知识的宽度，用"｜"表示知识达到的深度，首先提出了"T"型人才的概念。他们指出，一个优秀人才，是指知识面广且有一门精深专业知识的"T"型人才。我想赋予人才或人力资源以新意，即提出融东西方教育模式为一体而培养"T"型人才，并作为我国创新教育的目标。

从一定意义上说，东亚和东南亚诸国，是比较典型的东方区域，西方主要是指欧美国家。融东西方教育模式所培养的"T"型人才，是世界公民

最优秀的素质表现，也是21世纪我国创新教育的根本目标。如果真的培养出"T"型人才，开发了这种人力资源，则意味着在全世界掀起一场教育的变革。它既包括改革旧的教育观念，也包括改革旧的教育内容，还包括改革旧的教育方法和手段。

图3-1是经我修订的"T"型人才模式，我认为这是较典型的教育模式。

图 3-1 "T"型人才模式

图3-1中，"—"代表西方的教育观念、教学方法、教学模式；"｜"代表东方的教育观念、教学方法、教学模式。

东西方教育模式及其所培养的人才各有什么特点呢？

西方教育重视培养学生广阔的知识面、创造力、适应性、独立性和实践能力。这种教育模式突出地表现为以培养学生适应性为基础，以训练动手（实践）能力为手段，以增长创造能力为根本，以发展个性为目的。西方教育十分关注学生的适应性或社会适应能力。把适应能力既看作智力的实质，又视为心理健康的组成因素。西方教育相当重视学生的实践活动，从中小学到研究生阶段，都有动手的课程，教师反对"纸上谈兵"，而是带动学生实践，引导他们解决实际问题。西方的教育还贯穿着一条创造力培养的线索，因此倡导"创造性教育"和"创造性学习"，使学生的创造性从根本上获得提高。西方教育的重要目标之一，是发展人的个性，也就是说，教育的目的就是充分运用宏观的社会关系，在群体中通过交往而形成微观的人际关系，促使受教育者的个性获得千姿百态的发展，成为一个个生动活泼的社会个体；调动个体的积极性，即发挥每一个人的能动性为社会服务。

东方的教育模式，则重视培养学生精深的知识、逻辑思维、理解能力、统一规范和集体主义精神。这种教育模式突出地表现为以理解知识为基础，以崇尚读书（理论）为手段，以发展逻辑思维为根本，以追求统一规范为目的。东方教育十分关注学生的知识，而且强调知识的深度和理解水平，所谓"知其然，知其所以然"，倡导的就是这种模式。在东方，不管哪个国家，各科考试主要是考知识，自古以来，基本如此。东方教育特别强调学生读书，因为"书中自有黄金屋，书中自有颜如玉"，所以"万般皆下品，唯有读书高"。东方教育十分注重逻辑思维的培养。人类的思维就是逻辑思维，思维的逻辑性指的是思维过程中有一定的形式和方式，是按一定规律进行的。我国去西方的留学生中，有相当一批是学习数学和计算机的，他们的成绩都非常优秀。为什么？因为中国学生从小接受的是逻辑思维的训练。东方教育重视受教育者对知识的深刻理解，即强调理性知识，强调学生"透过现象看本质"。东方教育还强调集体协作精神，讲究准则和规范化，"没有规矩，不成方圆"，于是把追求统一规范作为教育的目标。

有人问我："哪种教育模式好？"我回答："各有千秋。"实际上，两种模式既有差异性，又有相容性。100多年前，我国教育开始倡导"学贯中西"，我认为当前应继续倡导，并在此基础上"扬长避短"，这样就一定能培养出一批又一批的创新人才或创造性人才来。

三、通过创造性学习培养学生创造力的途径

我倡导并鼓励学生进行创造性学习。学习，一般是指经验的获得及行为变化的过程，而创造性学习是布鲁纳（J. S. Bruner）的发现学习和吉尔福特提出的创造性思维两种理论的产物。

学习按不同的学习方式，可以分为接受学习（reception learning）和发现学习（discovery learning）。

所谓接受学习，是指学习者将别人的经验变成自己的经验时，所学习的内容是以某种定论或确定的形式通过传授者传授的，不需要自己任何方式的独立发现。与之相对应的教学方法是讲授法，即学习者将传授者讲授的材料加以内化和组织，以便在必要时再现和利用。

所谓发现学习，又叫"发现法"，主张由学习者自己发现问题和解决问题。它以培养学习者独立思考（思维）为目标，以基本教材为内容，使学习者通过再发现的步骤来进行学习。发现学习分为独立发现学习和指导发现学习，前者与科学研究相同，在学校学习中较少见；后者在课堂教学中出现，它向学生提出有关问题，指导学生学习、收集有关资料，通过积极思考，自己体会、"发现"概念和原理的形成步骤。

发现学习的倡导者布鲁纳认为发现学习有四个优点：一是有利于掌握知识体系与学习的方法；二是有利于激发学生的学习动机，增强其自信心；三是有利于培养学生发现与创造的态度和探究的思维定式；四是有利于知识、技能的巩固和迁移。

吉尔福特的创造性思维主要是指发散思维，它由三种特性组成：一是变通性，即一题多解；二是独特性，即与众不同的特点；三是流畅性。

创造性学习正是在发现学习和创造性思维等研究的基础上发展起来的。"创造性学习"（creative learning）一词来自"创新学习"（innovative learning）。"创新学习"的概念最早出现在詹姆斯·W. 博特金等人（Botkin, Elmandjra, & Malitza, 1979）合著的《学无止境》（*No Limits to Learning*）一书中，它是针对全球存在的环境问题、能源危机等提出来的。创新学习是与传统的学习方法——维持学习（maintenance learning）相对立的一种学习。维持学习是获得固定的见解、方法、规则以处理已知的和正在发生的情形的学习，它对于封闭的、固定不变的情形是必不可少的。创新学习是能够引起变化、更新、改组和形成一系列问题的学习，它的主要特点是综合，适用于开放的环境和系统以及宽广的范围。预期和参与构成创新学习过程的概念框架，创新学习需要创造性的工作。维持学习和创新学习的另一区别在于：维持学习所要解决的问题来源于科学权威或行政领导，其解决方案容易被公众理解和接受。

到 20 世纪 80 年代初，国际心理学界重视使用"创造性学习"的概念。也就在这个时候，我于 1985 年提出"重复性学习"和"创造性学习"的分类，并强调学生创造性学习的重要性。

（一）创造性学习的特征

学习活动，是要把人类所获得的一切经验、认识和文化成果，都用来武装新一代的头脑，以改变个体的行为，为文明服务，为社会发展服务。学习活动的基础是教育；教育是受教育者学习活动的前提。我们今天强调创造性学习，须以创造性教育为基础。而创造性学习是创造性教育的一种形式。

创造性教育是在创造性理论的推动下，由创造性的训练发展起来的。这种训练包括两个方面：其一，心理学家为了发展人类的创造才能，推荐了各种不同的创造力训练程序。例如，人的创造才能发展是与培养个体形成多侧面完整人格的整个过程分不开的，而不能局限于诸如"创造性问题—解决过程"上，因为个性（人格）及其内在动机的形成对创造力发展至关重要，而个性的形成必须接受教育的影响。又如，提倡问题—解决训练和其他许多鼓励学生自己提出问题，或懂得教师是怎样提出某些问题的思路，以便呈现创造能力的方法。其二，教育措施除了对持续和成功的创造力必不可少外，其非常重要的作用可以归于组织化因素。它的目的是保证主体的高效率，以及维持其高度创造力的心理状态。近年来，我已经看到许多应用各种组织化程序刺激创造力的建议。

创造性教育就是在这种创造力训练的基础上发展起来的。它要特别考虑呈现、发现、发散和创造的思维方式。在创造性教育中，要提倡学校环境的创造性，要有创造型的教师，还要培养学生创造性学习的习惯，适应创造性教育的特征，使学生形成一种带有情感色彩且自动化的学习活动，关注呈现式、发现式、发散式和创造式的问题，这就是创造性学习。所以，创造性学习是创造性教育的一种形式。

创造性学习有如下主要特征。

- 强调学习者的主体性。主体性是学习者作为实践活动、认知活动的主体的基本特征，它的实质是由人的自我意识实现学习者对学习活动的自我监控。研究显示，创造性思维和自我意识存在着高相关，自我认可、独立性、自主性、情绪坦率上有高水平的被试，其创造力也较高。学习者的主体性体现在：学生是教育目的的体现者；学生是学习活动的主人；学生在学习活动中是积极的探索者；学生是学习活动的反思者。
- 倡导学会学习，重视学习策略。在学校里，学生最重要的学习是学会学习；最有效的知识是自我控制的知识。要学会学习，就存在一个学习策略的问题，即学习者必须懂得学什么、何时学、何处学、为什么学和怎样学。所谓学习策略，主要指学习活动中，为达到一定的学习目标所需要的规则、方法和技巧。创造性学习过程是一种运用学习策略的活动。学生要学会学习，学会创设创造性学习的环境，寻找独特的方法，善于捕捉机会发现问题和解决问题，都得运用一定的学习策略。
- 要求学习者有新奇、灵活、高效的学习方法。创造性学习者会能动地安排学习，有较系统的、适合自己的学习方法，并养成良好的学习习惯。
- 有来自创造性活动的学习动机，追求创造性学习目标。创造性学习者有其独特的学习动机：强烈的好奇心，旺盛的求知欲，用出众的意志品质排除干扰而专注于某个感兴趣的问题；对事物的变化机制有探究的动机，渴求找到疑难问题的答案；刻苦钻研的学习态度；思考问题的范围与领域不被教师左右；崇尚名人名家的学习理想，并用奋斗的目标鞭策自己。这种创造性的学习目标在学习的目标、内容和途径上表现出不同寻常的理念和行动。

（二）创造型学生的行为特征

创造型学生，除了有独特的个性外，在行为表现上也是与众不同的。美国心理学家托兰斯（Torrance，1974）对 87 名教育家做了一次调查，要求每人列出 5 种创造型学生的行为特征，结果如表 3-1 所示（表中百分数为提及该行为特征的教育家人数占总人数的比例）。

表 3-1　87 名教育家所列创造型学生行为特征及被提及比例

创造型学生行为特征	被提及比例
好奇心，不断地提问	38%
思维和行动的独创性	38%
思维和行动的独立性，个人主义	38%
想象力丰富，喜欢叙述	35%
不随大流，不过分依赖集体的意志	28%
喜欢探索各种关系	17%
主意多（思维流畅性）	14%
喜欢进行试验	14%
灵活性强	12%
顽强、坚忍	12%
喜欢虚构	12%
对事物的错综复杂性感兴趣，喜欢以多种思维方式探讨复杂事物	12%
耽于幻想	10%

由表 3-1 可见，创造型学生的行为特征多是：好奇、思维灵活、独立行事、喜欢提问、善于探索等。这与实际情况是吻合的。

学习贵在创新。有人认为，学习只是接受前人的知识，学习书本上的知识，不是什么创造发明，根本谈不上创新。我认为，学习固然不同于科学家的研究，但也要求学生敢于除旧布新，敢于用多种思维方式探讨所学的东西。学生在学校里固然是以再现思维为主，但培养他们的创造性思维，也是教育教学中必不可缺的重要内容。学习过程中，学生的思维具有独特、发散和新颖的特点，这就是他们创造性思维的一种表现。研究学生创造性思维的发展和培养，研究他们的创造性学习特点，做出科学的分析，以便促进学生的创造性学习，这是思维心理学和学习心理学研究的一个重要的新课题，也是信息时代赋予教育工作者的一项重要的新任务。

（三）在创造性学习中培养学生创造力的途径

我们课题组通过对学生创造性学习的理论、实践和培养创造力的研究，提出了加强学生创造力培养的七条途径。

- 改善校园文化的精神状态。营造创造性学习的校园文化氛围，包括：认识和内化创造力，使创新意识深入人心；形成支持型校园气氛，营造创造性校园气氛；开展创造力教学活动，激发师生的创造热情。
- 把培养学生的创造力渗透到各科教学中。结合具体学科的某种具体能力制定一系列要求，激发学生对某一学科的创造性学习，通过达到这些创造性学习要求来培养学生的创造力。
- 在课堂教学中启发学生的创造性学习进而培养他们的创造力。通过激发学生创造的动机、灵活性提问和布置作业，教师掌握和运用一些创造性教学方法（如发现教学法、问题教学法、讨论式教学法、开放式教学法等），在课堂上创设创造性问题情境，引导学生的创造性学习，以解决问题的方式培养学生的创造力。
- 构建新型校园人际关系。根据前述创造力与智力关系的观点、创造性人才组成的观点等，要促进创造性人际关系的形成，必须努力做到：确立民主型领导方式，改善领导与教师的关系；构建"我—你"型师生关系，改善师生关系；积极开展自主学习、合作学习和探究学习，培养良好的非智力因素与智力因素。
- 创新学校组织管理制度。根据前述创造性教育的要求，要营造创造性校园，具体内容包括：重视在教学和学生管理中，给学校充足的经费；积极实行分层管理，消除管理中"一刀切"问题对学生创造力的不利影响；形成创新性评价制度，解除当前贯彻创新教育理念的束缚。

- 教给学生创造力训练的特殊技巧。课题组曾向未成年被试介绍，并让他们掌握诸如美国托兰斯提出的"创设适宜的条件"来进行创新能力训练的方法，教给他们如何有效地进行发散式提问。让学生在创造性学习中掌握这些有效的创造力训练方法进行自我训练，从而达到自我创新能力的提高。
- 在科技活动中培养学生的科学创造力。科技活动是学生课外活动中与创造力发展关系最为密切的一项活动。应该把学生参加科技活动作为其创造性学习的一项措施，科技活动可以开阔学生的视野，激发学生对新知识的探索欲望，增强学生的自学能力、研究能力、操作能力、组织能力和创造能力。

四、在数学教学中培养学生创造力的方法

在中小学数学中，教师要自觉地运用上述创造性（创造力）发展的原则，积极进行创造性教育，开展各种各样的创造性（创新）活动，培养学生的创新意识（精神）、创新能力和实践能力。具体做法如下。

（一）古今中外数学家实例与创造力培养

学习数学知识中的故事，包括学习数学家的实例（故事），能激发学生的兴趣，进而增进其创造或创新的精神，投入创造性的数学活动，逐步提高数学学习中的创造力。我曾主编两年被评为全国"十大畅销书"的《中国少年儿童百科全书》，该书分为四卷，其中的"科学·技术"卷，设有"科苑精英""数学宝库"专章。不少中小学将其作为数学教学的内容，或引导学生课外阅读。

"科苑精英"一章中"数学世界的巨匠"部分展示了世界上最有名的数学家的故事，从信仰"数即万物"的毕达哥拉斯、"几何之父"欧几里得、第一个算出地球周长的埃拉脱色尼……到我国的"π之父"祖冲之、轰动

日本列岛的陈建功、工作到最后一天的华罗庚、第一个获得菲尔茨奖的丘成桐等。这些故事可以让学生了解创造性巨匠的成长规律，从而树立创造力的榜样。

"数学宝库"一章中"数学的童年"部分讲述了数学研究对象的来历、数学之源、泥板的故事、金字塔和纸草书、佛掌上的"明珠"、数学之桥、巴比伦人和古埃及人的数学实践、十进制和二进制的故乡——中国对数学起源的贡献等故事。人类种族进化史与个体发展文明史是密切联系的，"数学的童年"部分能激发中小学生钻研数学的动力，有助于其发展创造力。"丰富有趣的数"部分讲到的故事太多了，例如，含义丰富的0、分数的妙用、小数的经历、负数的引入、无理数的风波、真实的虚数、无限大与无限小、哥德巴赫猜想、悬而未决的费马数等。故事从正确的方面向中小学生提出了一个又一个创造性的问题，引发他们的创造性思考（思维）。"是非难分的悖论"讲述了罗素悖论、说谎者悖论、强盗的难题、"部分也能等于整体吗""任一三角形都等腰""直角等于钝角"等故事，从反面出发告诉中小学生，假如说一个论断是正确的，那么，无论做怎样的分析、推理，总不会得出错误的结论；同样，假如说某个论断是错误的，那么，无论做怎样的分析、推理，总不会得出正确的结论。创新过程需要排除悖论。"各'式'各'样'"部分讲述了代数式、因式分解、解方程的技巧、丢番图的墓志铭、著名的百鸟问题、韦达公式、恒等式的用处、凫雁问题、鸡兔同笼等内容。"'形'象万千"部分讲述了数学巨著——《几何原本》、日神提出的难题——倍立方体香案、马赛克中的数学——平面镶嵌、三脚架竖立的奥妙——重心、黄金数与优选法、古老的勾股定理、弧形滑梯与变分法、星形线与折叠式车门、奇妙的莫比乌斯纸环等内容。后两部分从数和形两方面所讲的故事式数学题，能启发中小学生在数学学习中不仅学会各种数学知识，而且认识到创新范围的广阔性、丰富性，从而促使他们在日常生活中积极地开展创新活动（林崇德，姜璐，1991）。

2008年我出席中国科技大学少年班成立30周年庆典并做了大会报告，当我走下讲台时，竟有已毕业多年的少年班学生对我说："林先生，我从《中国少年儿童百科全书》中早就认识了您……"从中国科技大学少年班学生的成长中可以看出,学点"数学故事",有助于中小学生的创新精神和创造力的培养。

(二) 数学创造力训练与培养

创造力也可以通过数学训练加以培养。在数学课堂教学中,教师可以通过多种形式为学生创造力的发展创造一定的条件。

1. 发现式

与一般教学法不同,发现式教学法强调在不依靠教师讲解的情况下,学生通过自己的思考、探索去发现新知识,寻求解决问题的途径和方法。当然,在这一发现过程中,仍然需要发挥教师的指导作用。发现式教学法通常包括以下几个环节:给出问题情境—提出假设—验证假设—归纳、应用、提高。在数学教学中,也就是在教师的指导下,学生通过一些实验或制作一些模型,观察一些图片或表格,在比较、分析、归纳、概括的基础上形成相应的数学命题,获得解决数学问题的方法和途径。

例如,有这样一个例题:

甲、乙两站之间相距480千米,一列慢车从甲站开出,每小时行驶65千米,一列快车从乙站开出,每小时行驶95千米。问:(1)两车同时出发,相向而行,多少小时后相遇?(2)慢车先开30分钟,两车相向而行,快车行驶了多少小时后两车相遇?

教师在讲完例题后,给学生示范编题。比如例题的题干不变,问题改为:"慢车先开30分钟,两车相向而行,慢车行驶多少小时后两车相遇?"接着,让学生试着以总题干作为已知条件编题,再引导学生把题中的已知条件和所求问题做一交换,最后,根据学生编出的题目,教师从中选出有代表性的几道题让几组学生进行列方程比赛,以此活跃课堂气氛。

2. 发散式

发散思维是创造性思维的核心。在数学教学中可充分利用"一题多解"

"多题一解""一题多变"等培养学生的创造力。

例如,解答下面的问题:

某玩具厂生产一批儿童玩具,原计划每天生产60件,7天完成任务,实际只用6天就全部完成了。实际每天比原计划多生产多少件玩具?

通常的解法是先求出总任务有多少件,实际每天生产多少件,然后求出实际每天比原计划多生产多少件,列式为:60×7÷6-60=10(件)。而有一个学生却说:"只需60÷6就行了。"理由是:"这一天的任务要在6天内完成,所以要多做10件。"从他的回答中可以看出,他的思路是跳跃的,省略了许多分析的步骤。他是这样想的:7天的任务6天完成,时间提前了1天,自然这一天的任务也必须分配在6天内完成,同样得60÷6=10,就是实际每天比计划多生产的件数了。这种异于常规、新颖的解题方法正是个体创造力的表现,是需要教师鼓励和赞赏的。

3. 创造性问题

创造性问题的解决过程要求个体克服思维定式,从全新的角度进行思考,对问题获得一种新认识,以达到解决问题的目的。

例如,经常提到的"四棵树问题",要求学生在一块土地上种植四棵树,使得每两棵树之间的距离都相等。许多学生尝试在一个平面上解决问题,但是不管他们画正方形、菱形、梯形、平行四边形……都行不通。而要解决这一问题,就需要学生突破二维平面的限制,在三维空间构建一个正四面体(如图3-2)。

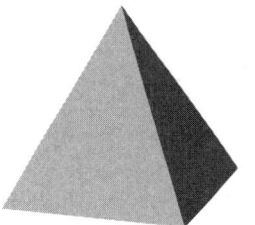

图 3-2

4. 头脑风暴法

头脑风暴法是一种集体开发创造性思维的方法。将这种方法运用于数学教学,可以使学生开阔思路,丰富想象,变被动学习为主动学习,为学生创造性思维的发挥提供空间。教师在采用头脑风暴法进行教学设计时,大致可分为以下几个环节:①设置一个良好的探索或讨论的环境;②提出问题;③在讨论中自我构建;④回归和总结。

例如，在 $\cos(\alpha+\beta) = \cos\alpha\cos\beta - \sin\alpha\sin\beta$ 这一公式的教学中，教师可以先让学生猜想公式，再让学生证明 ["我们如何证明 $\cos(\alpha+\beta) = \cos\alpha\cos\beta - \sin\alpha\sin\beta$" "我们可以利用什么工具将 $\cos\alpha$，$\cos\beta$，$\sin\alpha$，$\sin\beta$ 联系起来"]，学生提出不同的方法，最后由教师进行总结。

（三）数学学习动机与创造力的培养

俄国文学家列夫·托尔斯泰说过："成功的教学所需要的不是强制，而是激发学生的兴趣。"强烈的学习数学的动机是学生创造性地开展数学活动的前提。因此，教师不仅要教给学生数学知识，而且要培养学生学习数学的兴趣，激发学生学习数学的内在动机，保护好学生的好奇心。

近年来，我国中学生在国际数学奥林匹克竞赛上屡获大奖，令世界惊叹不已。然而，教育进展国际评估组织对 21 个国家的调查显示，中国孩子的计算能力排名世界第一，而创造力排名倒数第五。这种鲜明的反差不能不引起教育者的思考：为什么我国学生出色的计算能力不能转化为创造能力？我认为，其中一个重要原因是学生学习动机、学习兴趣的丧失。在长期机械的、应试性的数学训练中，虽然我国学生打下了扎实的知识基础，但与此同时学生学习数学的好奇心和创造力也被扼杀了。

2006 年美国教育报告中的国际数学学习比较研究有一个有趣的发现：亚洲国家八年级的学生在国际数学与科学趋势研究（Trends in International Mathematics and Science Study，TIMSS）数学测试中成绩很高，但有数学学习自信心的人数比例却很低，韩国是 6%，日本只有 4%；而美国学生在同样的数学测试中成绩不太高，但对数学学习有自信心的学生达 39%。

因此，对教育者来说，在抓好基础知识教学的同时，也需要考虑如何培养学生学习数学的兴趣，而这是学生实现数学创造力的一个前提。只有学生发自内心地热爱数学，他的创造力才能被激发出来。

具体来说，教师可以通过多种途径来激发学生学习数学的动机。

例如，教师在讲授"圆周角"时，可以让学生动手操作，把细绳一端用图钉固定在硬纸板上，另一端系着笔，把绳子拉直画一圈就会画出一个圆，接着让学生把绳子换成橡皮筋再画，结果画不成一个圆。这时，教师抛给学生两个问题："为什么画不成？""形成一个圆需要具备哪些条件？"通过这种动手操作，数学不再是枯燥的、抽象的概念和定理，而是和学生的生活紧密结合的有用的学科。这一过程不仅让学生学得高兴，也有利于教师培养学生的创造力。

再如，教师在教学"表面积"时，可以设计这样一道题：将长、宽、高分别为3，4，5的两个长方体形状的巧克力包成一包，可能有几种不同的包装方法？用哪种方法包装最省纸？这种来源于生活的例子，不仅激发了学生的学习兴趣，也为他们提供了丰富的想象空间，有利于他们创造力的培养。

（四）数学知识传授与创造力的培养

数学学科起源于人类的生产和生活实践，其本身就体现着创新的思想，包含着无穷的魅力。中小学数学中所涉及的算术、代数和几何等内容，都是人类在长期的实践过程中从简单到复杂，一步步发展起来的，充分体现了人类的智慧。

比如，在数学中有"用字母表示数"的学习内容，虽说理解了相关内容之后，我们会感到很简单，但就是这么一种简单的表示，却是人类认识的一次飞跃。它将人类认识世界的视角从数字领域迁移到代数领域，实现了由算术向代数的转化，因此也使人类在解决实际问题时实现了由静态思维向动态思维的转变。对于儿童青少年而言，掌握了这部分知识，不仅意味着其理解了相关的知识，而且意味着其思维水平实现了从具体思维向形式思维的飞跃，实现了思维水平的一次跨越。

再比如，负数部分也体现了人类理性的一种跨越——从正数到零，再由零到负数。儿童青少年理解了其意义，也就扩展了其有关数的理解范围，建构出有理数的概念，也因之完成了一次高度抽象性的思维升华。这些都是由数学知识本身的飞跃而促成的理性突破。

正如前文所言，数学是思维的体操，无论是接受数学知识还是运用所学数学知识解答问题，对于学生而言，都是一个创造的过程。一则他们在接受数学知识，特别是新的数学知识时，是在其最近发展区实现知识的增长以及能力的提升，这无疑是一种基于旧有知识而进行的创新变式。例如，在学习初步的立体几何知识时，会由单纯的二维平面思维逐步转变为三维立体思维，这种转变过程就体现了一种跨越和创新，从一个旧的问题思考模式转变为一个新的问题思考模式。二则在吸纳新知识、形成新认识之后，学生会自觉不自觉地运用这些知识尝试解决新问题，甚至发现更新的问题。例如，在学习了平行四边形面积公式后，学生可以尝试推导菱形面积公式，通过比较两者的异同，进一步理解图形的性质和含义，从而在更牢固地掌握相关知识的基础上，实现更深入学习新知识的能力提升。

（五）数学实践与创造力的培养

数学是一门实用性很强的学科，其强大的生命力也正是建立在其实用性基础之上的。鉴于课堂教学模式的限制，学生在学完数学知识、解决相关问题时，一般只能通过解答应用题"模拟"解决实践问题，但即使如此，也能提升其创造力。例如，在解决有关时间、速度和距离的数学应用题时，虽然学生不能身临其境地完成相关行程，但题目本身提供的情境以及由此而生发的对于解答实际问题的兴趣，使得他们也能完成相关的知识学习和能力提升，也因为解题本身而增强其应用数学知识的兴趣，从而为未来解决真实的实践问题奠定了基础。

除上述这种相对被动的学习模式外，在中小学数学教学中，也涉及编制应用题的学习内容，这对学生提出了更高的创新要求，因为编制数学应用题，不仅需要学生理解相关的数理知识，而且需要他们具备较强的逻辑表达能力。这一从知识储备到知识释放的过程无异于一次创造发明的过程——从理解相关知识到审题立意，形成相关表象，再到具体思维操控，直至编出题目，和一项新发明的产生别无二致。有心理学研究表明，这样的学习模式能够有效地提高学生的数学学习成绩，提高其应用题解题能力。

随着新课改的实施和先进教学手段的引入，新的教学模式也走进了数学课堂，研究性学习和创设问题情境的学习就是其中的代表性模式。

例如，在学习完统计知识后，教师可以让学生分组去调查学校某年级学生的身高、体重等，通过对数据的收集、整理和分析，向全班同学汇报调查的结果，使学生能够真正学以致用，激发其学习数学的兴趣，培养其迁移知识的能力，从而奠定其创新能力的基础。

又如，在教学"小数的性质"时，可以在课前布置学生到超市或商店里了解各种商品的价格，上课时，先听取学生的汇报，教师有意识地记录一些带小数的商品价格，然后启发学生通过不断转移小数点的位置发现价格的变化，直到最终学生能够自己"创设"价格，不断比照所定价格的差异。这算是一个从创设实际问题的情境中，提高学生数学学习能力和创造力的生动实例。

第二部分

数学是人类的思维体操

  思维涉及从物质到精神、从宏观到微观、从理论到应用等许多不同方面。它不仅能使主体深刻地认识客观现实，而且能制作思想产品能动地改造客观世界。

  鉴于思维的重要性，自古以来，人们都重视思维能力的培养。其中，利用数学培养人类思维能力，成为一个重要途径。数学是研究现实世界数量关系与空间关系的科学。它与人类的生存、社会的进步休戚相关，它已进入各门科学技术（包括人文社会科学）以及我们生活的各个方面。有人称它是探索和发明的乐土，这是完全正确的。因为任何科学的探索和发明，离开了数学的思维方法都是不可能的。因此，数学是一门培养思维能力的基础课。正像为了"身体好"人们要做体操的道理一样，人类重视数学作为"思维好"的一种手段，这就形成了"数学是人类的思维体操"这一常识。孔子曰："学而不思则罔，思而不学则殆。"数学与思维建构了"学"与"思"的模式，数学成为促进人类思维能力的手段。本部分的三章正是阐明这种手段的具体表现。

第四章　数学思维的完整结构

思维、智力是心理现象，是人脑对客观事实的认知。客观现实世界是统一的物质世界，世界上的一切事物和现象，都遵循着物质本身所固有的规律运动着、变化着和发展着。正是客观现实世界的整体性、复杂性与统一性，决定了人的思维是一个完整的结构。

因为数学是揭示事物在数量关系与空间形式上的本质的科学，所以数学学习就必然要求学生的思维有整体的数量关系与空间形式的结构，而这个结构越完整，越能认识数量关系与空间形式的统一性与复杂性，数学能力就越强。可见数学的学习必须有思维的完整性做基础，而学习又能促进思维整体结构的发展，两者是密切联系着的。

一、思维的三棱结构

思维是完整的结构。这个结构中包含六种因素：思维的目的、思维的过程、思维的材料、思维的品质、思维的监控和思维的非认知因素（见图4-1）。

图 4-1　思维结构模型

(一) 思维的目的

思维的目的性是怎样提出来的呢？早在1961年3月我读大学一年级的下学期，彭飞教授来给我们上"普通心理学"，在上完"人类心理的特征"后的一次讨论课上，我就提出自己的观点："人类心理和动物心理的根本区别是人类心理的目的性，它来自人类的意识性，出自思维，也就是我们平时所讲的问题提出。"当时主持讨论的同学说我论证很精辟、有创见。他这一"表扬"，倒使我有点忘乎所以，加强了对自己观点的自信。我认为，人类思维活动的根本目的就是适应和认识环境。问题提出和问题解决是最主要的高级智力活动之一，这就体现出人类活动的目的性，而这种目的性是建立在主体的思维结构基础上的，其中图式和策略尤为显著。其不断的发展与完善对保证思维活动的方向性、针对性、目的性、专门化有着重要的意义。1978年归队以后，我经过反复研究发现，思维目的的发展变化或完善表现在定向、适应、决策、图式、预见五个指标上。

我这种想法对吗？20世纪90年代后，我有意识地把这个任务交给我的一些研究生去开展研究。我的博士研究生辛自强、康武等先后围绕着思维目的的问题，在他们的博士学位论文中通过实证研究的方法，探讨了与思维目的有关的问题。辛自强的博士学位论文为《儿童在数学问题解决中图式与策略的获得》（辛自强，2002）；康武的博士学位论文为《中学生数学问题提出能力》（康武，2003）。这两篇论文指出：人类只有建立更加完善和复杂的认知结构才能更好地认知和适应环境，使主体在感性认识的基础上产生一种理性认识。这种理性认识以自觉地定向，能动地预见未来，做出计划，有意识地改造自然、变革社会、调节自己为前提。一种内隐的、复杂的认知加工过程，须对数学情境或问题解决进行积极主动的计划、假设、检验、调控和反思。所以目的性是智力的根本特点之一，反映了人类智力的自觉性、能动性、方向性和有意性，而智力活动的目的性受主体的图式的制约。问题类型结构可以引导智力操作沿着正确的方向进行，提高了解题的正确率。这两项研究最后获得三方面的结论：第一，发现了思维乃至智力目的性发展变化的趋势；第二，思维乃至智力目的性是衡量不同被试水平高低的指标；第三，人类思维乃至智力活动的根本目的是为了适应和认识环境。

（二）思维的过程

思维是有过程的。记得在大学学习思维心理学时，我非常重视苏联的思维心理学，特别是鲁宾什坦学说。鲁宾什坦有一个很重要的观点，即思维是一种分析综合的活动，它的过程主要也是一种分析和综合，以及形态的抽象、概括、比较、系统化和具体化的过程。我认为这样归纳有点简单，但我又提不出更有说服力的观点。

20世纪80年代初，我接触了认知心理学。认知心理学是研究人的智力的科学，它研究人是如何思维的。认知心理学强调认知是为了一定的目的，在一定的结构中进行信息加工的一种过程，而信息加工的过程又包括串行的、平行的和混合加工的过程。我觉得这个认知实际上就是思维或智力。我们也可以把思维或智力活动看成为了一定目的，在一定心理结构上进行信息加工的一种过程，它同样表现为串行的、平行的和混合加工的过程。于是，我把苏联的和西方的两种理论结合在一起，形成了自己的观点，认为有思维就有过程，思维过程是思维结构中的一个重要方面。我把思维过程这一活动的框架确定为：确定目标→接收信息→加工编码→抽象概括→操作运用→获得成功。

我这种想法对吗？在我的这一观点的基础上，我的博士研究生张奇的博士论文（张奇，2002）对小学生等量关系运算和几何图形预见表象等认知过程进行了信息加工和思维方面的分析。张奇的博士学位论文指出：①思维过程是智力（认知）的主要过程，不论是等量关系的认知过程还是几何图形的预见表象过程，都可从中看到这一点。②思维过程的发展促使智力过程的完善，这种完善过程既包括思维具体过程的完善，也包括整个思维活动过程的协调统一的完善。③思维过程的发展表现为认知过程完善化的两种趋势：第一，整体认知过程中各个具体认知的分析综合过程在发展；第二，整个认知过程中各个认知环节的协调、统一和完善是在思维活动的目的、任务（接收信息、加工编码）和过程（串行的、平行的或混合的）要求下实现的，因此思维过程的发展或完善决定着整个认知过程的操作应用和成功。④智力过程的发展表现为思维抽象概括过程的完善化。

（三）思维的材料

中国有句俗语——"巧妇难为无米之炊"。同样，思维也要有材料。如果说思维的基本过程是信息加工的过程，那么思维的材料就是思维的内容信息，即外部事物或外部事物属性的内部表征。外部信息内在的表征有多种类型或形式，但归根结底可以分为两类：一类是感性的材料，包括感觉、知觉、表象；另一类是理性的材料，主要是概念，即运用语言对事物各种形态、各种组合、各种特征的概括。能展示出智力内容的发展变化或完善的具体指标，应该是：感性认识（认知）材料的全面性和选择性；理性认识（认知）材料的深刻性和概括性；感性材料向理性材料转化过程中的准确性和灵活性。

早在20世纪90年代初，我的弟子陈英和的博士学位论文《关于儿童青少年获得几何概念认知操作的发展研究》（陈英和，1992）就涉及思维的材料。她在研究中发现，儿童青少年的平面几何概念的发展共经历了四个水平：第一，具体水平。儿童青少年能够在一定的时间间隔后，将某个先前感知过的图形从若干图形中辨认出来。第二，同一性水平。儿童青少年能够在不同的视觉角度下，将先前感知过的图形认作同一图形。第三，分类水平。儿童青少年能够将某一几何概念（图形）的两个或多个不同的例证视为同一类事物，达到这一水平的核心能力是抽象。第四，形式水平。儿童青少年可以从本质上对概念的内涵进行加工。这个过程反映出儿童青少年对客体的认识从感性向理性发展的特点，同时也反映出儿童青少年思维能力的发展并非完全呈直线状态而是呈现螺旋式上升的趋势。

陈英和（1992）指出：①思维或智力材料（内容）的发展是由具体形象向逻辑抽象方向转化的。②儿童青少年智力材料（内容）的不断抽象化或认知表征的不断概括化，是他们思维或认知能力发展的重要特征之一，它标志着他们思维过程简约化或概括化水平的提高，也就是抽象思维或理性认识的发展。③当代认知心理学无疑注意到了事物表征和概括表征，理性认知或抽象思维应该是认知心理学研究的重点。④理性认知或抽象逻辑思维的材料（内容）主要有三种：语言（语义、概念和命题等），数（标志符、运算符、代码符），形（几何图形、设计图、草图、曲线、示意图等）。思维的内容不同，思维的过程也不同。所以，在思维心理学中，语言能力、数及数的运算能力、图形的表征能力是三个基本的智力部分。

（四）思维的品质

我对思维品质的探讨，是我建构思维结构的契机。在思维结构中，有一个好与坏、水平高与低的问题，即哪种思维品质更好些。我不仅把思维品质看作思维的个性特征，而且把它看作思维结果的评定依据。而深刻性、灵活性、独创性、批判性和敏捷性这五种思维品质，应当看作智力和能力"质"的发展的主要指标。这种思维的水平或品质的内在关系如何呢？这就是我的博士研究生李春密的博士学位论文所建构的那些数据。

李春密的博士学位论文《高中生物理实验操作能力的发展研究》（李春密，2002）涉及中学生思维品质的变化和完善过程。他的研究结果主要有如下两个方面：第一，各品质之间的比较研究显示，学生的深刻性思维品质得分最高，反映了深刻性是诸品质的基础，这是抽象逻辑思维发展的必然趋势；学生创造性的得分最低，这说明创造性思维品质的发展较其他品质的发展要迟、要慢，难度最大。第二，思维品质之间的关系，敏捷性品质与其他品质的相关系数最高，说明敏捷性主要是由各品质所派生或决定的；灵活性、批判性与创造性呈高相关，证明发散思维是创造性思维的前提或表现，创造程度与批判程度具有密切关系；深刻性与创造性的相关系数最低，说明抽象逻辑思维未必都能产生创造性思维，同样说明创造性思维也未必都来自抽象逻辑思维，因为创造性思维也可能来自形象逻辑思维。

李春密指出：①智力品质的完善首先表现出思维的智力品质的全方位

发展和成熟。②智力既然作为个性心理特征，当然是有层次的，它要集中地体现出个体差异来。智力的超常、正常和低常的层次，主要体现在思维水平上，即思维品质上。③智力发展变化或完善也表现在各思维品质的作用上，各思维品质在智力活动中的地位与作用、发展变化的时间与次序、彼此之间的影响与功能，这些因素的完善就意味着思维品质的完善，且表现为智力发展变化的一个重要指标。

（五）思维的监控

思维的监控，又叫思维的自我监控，我更多地称它为"反思"和"反省"。我最早提出这个问题是在上大学本科的时候。那时我对反思、反省非常感兴趣。我觉得人做什么都要"过电影"，就是一天的最后总结、反思。那么思维的监控呢？它就是一种自我意识，是自我意识在思维里的表现。这种想法我在20世纪70年代前后就提出来了。同时期的美国心理学家弗莱维尔（J. H. Flavell）提出了"元认知"（metacognition），它在一定意义上就是思维的自我监控，也就是思维的批判性。我不愿把这种成分叫作"监控"，因为这个概念已被弗莱维尔用了，当时我称其为"思维规则"，注解为"由于思维的反思或自我意识在思维中的作用，使思维过程遵循一定法则而进行"。后来，恩师朱智贤教授建议我还是用"思维的监控"好。接着，我和我的弟子们一起讨论其指标，逐渐形成思维的反思或自我监控的发展变化和完善的指标，包括计划、检验、调节、管理和评价五个方面。我有两位学生做过这方面的研究：一位是辛涛，他专门做教师的自我监控研究；另一位是章建跃，他专门做学生数学学习自我监控的研究。

辛涛的博士学位论文为《教师教学监控能力——结构、影响因素及其与学生发展的关系》（辛涛，1997）。他认为教学监控能力可以分为三大方面：一是教师对自己教学活动的事先计划和安排；二是教师对自己实际教学活动进行有意识的监察、评价和反馈；三是教师对自己的教学活动进行调节、校正和有意识的控制。辛涛采用相关性研究和干预性研究相结合的方法，从三个方面探讨了教师教学监控能力的结构、影响因素及其对教师行为、学生发展的影响。

　　章建跃的博士学位论文为《中学生数学学科自我监控能力——结构、发展及影响因素》（章建跃，1999）。从这篇论文中，可看到学生思维的反思或自我监控是如何发展变化的。在正常的学校教育条件下，中学生数学学科自我监控能力的发展有其年龄阶段性，但是发展的趋势除小学毕业到初中阶段比较明显外，其他年龄段均较平缓，而且检验在整个中学阶段的发展没有显著性差异，在调节、检验及管理上，从初中毕业到高中有着不同的变化。

　　这两篇博士学位论文指出了自我监控的五种功能：①确定思维的目的；②管理和控制非智力的因素；③搜集和选择恰当的思维材料及恰当的思维的策略；④实施并监督思维的过程；⑤评价思维的结果。正因为它的这些功能，所以我把思维的监控或反思确定为思维结构中的顶点或者最高形式。

（六）思维的非认知因素

　　我原先的思维结构观中没有"思维的非认知因素"。1982年秋季在我的恩师朱智贤教授组织研究生讨论时，较多的意见是加上非认知或非智力因素，同年年底在问卷调查中，多数被试在"非智力（非认知）因素"上打了"√"，于是我确信无疑地接受了这个成分。从1982年起，我把它叫作思维结构中的非智力因素（非认知因素），并将它作为自己研究中的又一个重点。

　　什么是非智力因素或非认知因素呢？它是指不直接参与智力过程，但对智力过程起直接作用的心理因素。思维的非认知因素主要包括与智力活动有关的理想、动机、兴趣、情感、意志、气质和性格等。非认知因素的性质往往取决于思维材料或思维结果与个体目的之间的关系。我们的实验点——北京市通州区第六中学（原北京市通县第六中学，以下简称"通州六中"）教育质量变化的结果，说明了非认知因素在思维乃至智力的发展中起到了一种动力、定型和补偿作用。

　　这种想法对吗？早在1986年，我的弟子申继亮跟我一起在中小学生心理能力发展与培养的课题组开展研究。他不仅深入通州六中这样基础较薄弱的学校，在取得实验研究成果中出了力，而且在1988年到北京五中，在梁捷老师的帮助下，研究高中学生的非智力因素、智力与学业成绩的相互关系。他获得的结论是：在学生智力形成和发展的过程中，非智力因素的影响是非常显著的；良好学业成绩的取得，不仅与智力因素有关，而且与非智力因素有关。为此，申继亮指出：智力不能和非智力因素割裂开来，两者相辅相成构成一体；应该探索非智力因素在智力发展变化或完善中的具体作用；对于人的一切智力活动，智力与非智力因素一起在起作用，孰多孰少不是实质的问题。

我为什么要在国际上发表自己关于思维结构的论文？因为中国教育界对加德纳的多元智力的热情有点过头。连幼儿读物都开辟专刊叫作"多元智力"。美国的心理学家对我说："对多元智力的宣传，你们中国比我们美国力度要大，你们对加德纳吹捧得太多了！"当时加德纳的智力观引起了我的关注，尤其是1987年在盐湖城"第七届世界天才儿童与天才教育会"上经人介绍，我认识了加德纳。

1987年从盐湖城回来的时候我仔细琢磨了加德纳的观点，突然觉得加德纳的观点我似曾相识，在哪儿见过呢？在我们老祖宗的思想里见过。那就是从西周3500年以前的官学到2500年以前孔夫子的私学里提到的六种课程，这就是"六艺"。于是，我和弟子李庆安（Lin & Li, 2003）的文章里明确地指出，加德纳的观点和我们古代的"六艺"有着相似之处。我们的"六艺"就是七种智力。有人说："六艺中没有自知智力！"我说："六艺里头明确提出'礼'，这就是人际关系。但是'克己复礼''自知者明，知人者智'，这难道不是自知智力或自我控制智力吗？""六艺"所讲的七种智力和加德纳所讲的七种智力是有相似之处的。但是，它与加德纳的观点又不完全一样。这并非由于时代不同，一个是古代，一个是现代，不完全是。我也不强调我们比他早两三千年，更主要是要强调两点区别。

第一，加德纳认为，这七种智力是独立的、毫无关系的，而我们的六艺则强调以"礼"为核心的相互联系性：内外是有联系的，你中有我，我中有你；彼此之间存在包含、相关、相融或交叉等各种各样的关系。

第二，加德纳当时搞的"未来学校"还处于实验阶段，而我们的老祖宗在3500年到2500年以前就已经把"六艺"列为课程了。因此，我们不能忘记自己的祖宗，更不能崇洋媚外。

这就是我们2003年在国际上发表的文章中提出的第一个观点"谈六艺和加德纳的关系"。第二个观点是我自己上述的关于思维或智力结构的观点。第三个观点是我提出的思维结构成分的无穷性。

加德纳后来修正了他的智力观，认为智力共有九种，他还颇为欣赏美国另一位心理学家提出的道德智力。那么，智力到底有多少种？我认为是难以穷尽的。这让我想起了吉尔福特。吉尔福特认为智力类似于三维结构（长×宽×高），它是由智力的内容（4种）、智力的过程（5种）和智力的结果（6种）构成的共120种的智力结构。吉尔福特去世以后，他的弟子说成"180种"或"240种"。为什么呢？因为把记忆分为长时记忆和短时记忆，把知觉分为视知觉和听知觉，这不就是180种或240种吗？但实质不在于是120种、180还是240种，而是在于智力难以穷尽。为什么难以穷尽呢？我提出了"先天与后天""认知与社会认知""内容与形式""表层与深层"的四个原因。我当时还提出："加德纳强调了逻辑—数学智力，强调了语言智力，为什么没有提科学智力？提到了音乐智力、身体—运动智力，为什么没有提美术智力？"

加德纳了不起的地方就是强调了智力的个体差异。他提出多元智力观无非是要强调因材施教，这是我们的老祖宗早就提出的。我提出了智力的三棱结构，展示了思维乃至智力结构的多元性，说明智力主要是人们在特定的物质环境和社会历史的文化环境中，在自我监控的作用和指导下，在非智力因素的作用下，为了达到某种目的，识别问题、分析问题和解决问题所需要的思维能力。由此可见，真正的思维心理学的理论基石是思维的结构观，而思维的结构观正是当代心理学的一个热门课题。

二、数学整体性的修养

数学教学必须帮助学生全面地看问题，掌握数学系统关系的整体性。这种数学整体性的修养，不仅有利于学生获得哲学观点和数学知识，而且是学生发展思维结构整体性的基础。学生从整体结构出发，分析空间形式与数量关系，提高了分析问题与解决问题的能力，即发展了思维与智力。因此，加强学生这种数学整体性的修养是非常重要的。有经验的数学教师都提倡这一点。下面介绍几个片段。

（一）统一

事物的矛盾法则，即对立统一法则，是唯物辩证法最根本的法则。

数学所反映的数量关系和空间形式关系都充满着矛盾，当然也就充满着"对立统一"的内容。加与减，乘与除，约数与倍数，分子与分母，正比与反比，正数与负数，有理数与无理数，实数与虚数……所有这些数量之间的关系，都是对立统一的关系。空间形式之间的关系，同样是统一的。

例如，图4-2展示的圆的相交弦 AB，CD 随交点 P 从圆内运动到圆上，再到圆外，以及 PA，PC 从割线运动到切线，在这个变化过程中出现的统一性，就是运用对立统一观点思考和解决问题的很好事例，这对培养学生的辩证思维能力是有益的，形成的结构是易于记忆的。

再举一例，关于柱、锥、台、球的体积公式的内在联系和对立的统一，请看图4-3。

（二）联系

学习任何一门科学，都要充分注意其内部的有机联系。数学所反映的现实世界的空间形式和数量关系的内在联系性，对数学学习者是十分重要的。

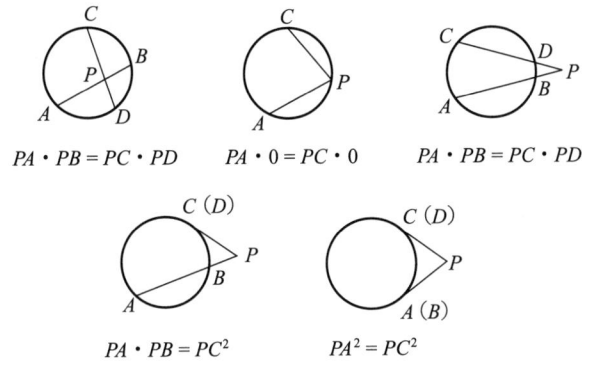

$PA \cdot PB = PC \cdot PD$ $PA \cdot 0 = PC \cdot 0$ $PA \cdot PB = PC \cdot PD$

$PA \cdot PB = PC^2$ $PA^2 = PC^2$

图 4-2　圆幂定理

图 4-3

从最基础的小学数学起，就体现着上述思想。例如：加数+加数=和。和-(一个加数)=另一个加数。因数×因数=积(即被乘数×乘数=积)。积÷(一个因数)=另一个因数。这里，加法与减法、乘法与除法是互相联系、相互转化的。抓住内在联系讲解比分散孤立讲解的效果要好得多，学生的理解也会深刻得多，学会的知识就灵活得多。又如，百分数与小数互化，分数、小数和百分数互化，也反映了数量关系的内在联系。如果通过几个问题联系起来看，不是很容易理解吗？如果是用两个例题来讲解，而这两个例题又没有联系，中间还隔着一个"分数化百分数"，不仅会增加理解难度，不利于灵活运用，而且会耗费时间。再如，各类应用题中的加与减、乘与除等数量关系的转化就更多了，认识这些关系都需要有联系的观点。另外，从不同的角度出发，就会出现不同类型的应用题，而这些应用题之间是紧密相连的。

中学的数学教学应继续解决这个问题，引导学生揭示事物的内在联系。例如，一元二次方程、一元二次不等式和二次函数是中学数学课程中的重要内容。解决这三个"二次"问题的关键是善用配方法。如果已经掌握了

二次三项式 ax^2+bx+c（$a\neq0$）的配方，那么一元二次方程 $ax^2+bx+c=0$ 的求根公式可推导，二次函数 $y=ax^2+bx+c$ 的顶点坐标、对称轴方程、最大（小）值可求，一元二次不等式 $ax^2+bx+c>0$（或 <0）可解。认清三个"二次"的内在联系，再根据问题的具体特点，对学生进行使用配方法的适当训练，就能使他们灵活解决相关问题。

数学教学中，如果把具有内在联系的几个问题孤立讲解，则形成跳跃式"前进"；如果引导学生揭示事物的内在联系，就为他们"学会全面看问题"创造了条件，这样才能促进学生思维的条理化、系统化，减轻记忆负担，促使学生智力活动的理性成分迅速发展。

（三）比较

事物的数量关系和空间形式既千差万别，又有类同因素。差异关系需要对比，相似关系需要类比。比较是发展科学的重要方法。"有比较才能有鉴别"，数学中也常用这种思考方法。

例如，小学数学中，"增加了几倍"与"增加到几倍"，包含除与等分除，体积与容积，长度、面积与体积的单位，平行四边形与长方形的相同点和不同点，大于、小于、等于和约等于……只有把它们同时摆出来，经过比较，才能真正弄清楚。有些相同的东西，如除法的性质、分数的基本性质和比的基本性质，让它们同时出现，经过比较才能把它们有机地联系起来，使学生融会贯通。至于什么时候比较，这要根据条件和需要来决定。

中学数学也一样。例如，几何中，"到角的两边等距离的点的轨迹是这个角的平分线"，与"到二面角的两个面等距离的点的轨迹是这个二面角的平分面"，一个是平面几何的定理，一个是立体几何的定理，显然不同，但又非常类似；"正三角形内一点到各边距离之和为常量（三角形的高）"，与"正四面体内一点到各面距离之和为常量（正四面体的高）"的内容不是一回事，但"距离之和为常量"却是类似的。

通过对比或类比，不仅易于理解、便于记忆，更重要的是能区分概念内涵的特殊性，又能从一种概念推导出另一种概念，在学会一个问题的解法的基础上，可以推广、发展到另一个问题的解决上。

（四）对称

具有对称性的客观事物很多，如洁白的雪花、闪光的晶体、雄伟的天安门等。对称的数量关系与空间形式也是屡见不鲜的。

在小学数学教材中，10 以内或 20 以内的加法口诀表与乘法口诀表就具有对称的形式；中学的对称多项式，也是对称的表现。例如：

求方程组 $\begin{cases} x+y+z=0, \\ x^3+y^3+z^3=-18 \end{cases}$ 的整数解。

显然，方程左端均为对称多项式，当求出一组整数解

$$\begin{cases} x=1, \\ y=2, \\ z=-3 \end{cases}$$

之后，根据对称性，立即可写出全部解：

$$\begin{cases} x=2, \\ y=1, \\ z=-3 \end{cases} 或 \begin{cases} x=1, \\ y=-3, \\ z=2 \end{cases} 或 \begin{cases} x=2, \\ y=-3, \\ z=1 \end{cases} 或 \begin{cases} x=-3, \\ y=1, \\ z=2 \end{cases} 或 \begin{cases} x=-3, \\ y=2, \\ z=1 \end{cases}。$$

数量之间的关系有对称，而空间形式的对称性往往更为明显，如中心对称、轴对称、平面对称与空间对称等。不妨举一个例子说明。

设四边形 $CEDF$ 是一个已知圆的内接矩形，过 D 点作该圆的切线与 CE 的延长线交于 A，与 CF 的延长线交于 B（见图 4-4），求证：$\dfrac{BF}{AE}=\dfrac{BD^3}{AD^3}$.

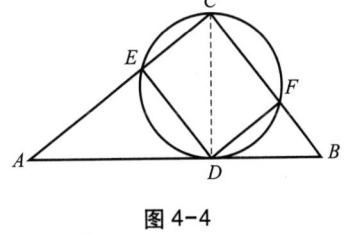

图 4-4

此题连接 CD 后，在它的两侧具有相同的结构（对称），即：自圆外一点引切线与割线，有相同数量的直角三角形。因此，只看一侧就能解决问题。这说明，利用对称可使解法简捷，收到事半功倍之效。

（五）守恒

一切事物总是在运动变化着，而在运动变化中，有着相对"静止"的状态或"不变性"的情形，因此确定哪些东西守恒很重要。守恒对于我们来说并不陌生，如能量守恒定律、物质不灭定律等。数学中也有许多"不变性"的问题。

学前儿童在幼儿园的数学教学中或家长的训练下，懂得了"大小""轻重""多少""厚薄""粗细"等词语。其实这些词语所反映的事物都是变化的，学前儿童只是在比较两个事物时悟出了上述相对的思想，获得了"大小""轻重""多少""厚薄""粗细"等最初步的概念，开始出现守恒。

小学数学中有不少守恒的概念，反映了数量之间与形体之间的"不变性"。例如，除法性质或分数性质——"分子与分母同时乘或除以一个不等于 0 的数，分数的值不变"。又如，不管正方形变得多大或多小，它的面积总是"边长×边长"。

中学数学中也有大量这类问题。例如，椭圆 $\frac{x^2}{a^2}+\frac{y^2}{b^2}=1$（$a>b>0$）中，参数 a，b，c 有确定的关系 $a^2=b^2+c^2$；椭圆上任意一点到焦点的距离与到准线的距离之比不变（离心率）。这些不变量都是椭圆特性的固有反映。

（六）沟通

在科学技术迅猛发展的今天，边缘学科不断兴起，各学科是相互渗透、相互影响而发展的。这是不同学科在揭示客观事物间的内在联系与沟通时必然会出现的现象。所以，在数学教学中也必须引导学生注意和其他学科的沟通。

小学生开始学习地理时，就要接触地图。地图的比例需要运用算术的比例关系。小学生在想象实际地理位置与大小时，必须与算术知识相沟通；而教师在教"比与比例"时，也要注意利用地图作为背景素材。

中学数学教学更要引导学生沟通与联系别的学科，尤其要注意数学与物理、化学等学科的配合。例如，电功率公式 $P=\dfrac{U^2}{R}$，有些学生往往单纯地从形式上判断常量、变量和函数关系，却不会结合具体的物理原理进行本质分析。上式说明，当固定 U 时，P 为 R 的反比例函数，这就是选择不同阻值的灯丝造成不同功率灯泡的依据。又当固定 R 时（每个具体的灯泡，R 为常量），P 为 U 的二次函数。

又如，甲烷 CH_4 形成正立方体的空间结构。根据几何位置，不难算出 C—H 键间夹角为 $109°28'$（见图 4-5）。

在数学教学中，联系实际，沟通其他学科，必然会丰富想象力，发挥智力的独创性，健全思维的完整结构，增强学习兴趣，有利于造就有雄厚基础的、全面发展的人才。

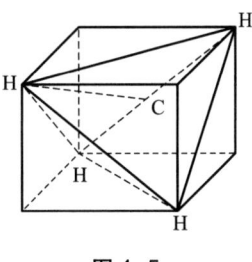

图 4-5

总之，数学整体性的修养涉及许多方面，只要学生勤奋努力，肯于下功夫，数学整体性的修养就能提高。

当然，我们强调数学整体性的修养，并不是说它就是思维的完整结构。两者既有区别，又有联系。

数学整体性是前人研究数学学科所积累的经验总结，它揭示了客观数量关系、形体之间内在的必然的本质联系。它对于学生来说是外在的东西，而数学学习中思维的完整结构，则是学生内在的东西。两者各有各的特点，不能等同。强调数学整体性的修养，是为了使学生在头脑中能客观反映数学的整体性，使客观的东西逐步变成主观的东西。

数学整体性是一系列繁简不一、层次不同的数量关系、空间形式的具体内容，按一定逻辑顺序及关系组成了一个严密的知识系统，其中每一部分都不相同，且任何部分都不能缺少。例如，同样是函数，就有不同的"主"与"次"。而数学学习中思维的完整结构一旦形成，就可以适用于掌握其他同类具体的数学内容。我认为，数学整体性的修养是学生学习数学中运算思维整体性的基础，思维材料的阶段性、思维的方向性、思维系统的复杂性与条理性、思维规则运用的水平等,都是以他们具有的数学整体性的修养为基础的。

学习同样的数学知识内容,可以通过不同的运算思维结构的成分;掌握同样的数学知识内容,也可以反映出不同的运算思维结构的水平。因此,数学整体性与运算思维结构之间不能一一对应地联系。而提高数学整体性的修养,正是启发学生自己经常地寻求发现运算思维结构的成分,自觉地运用与调节这些成分,把它当作顺利地扩展自己的数学知识的工具,甚至经过独创性的思考,发现新的数学知识,丰富数学的整体性。

因此,提高学生数学整体性的修养,不仅能提高他们的数学水平,促使他们"学会全面地看问题",而且能完善他们的运算思维结构,有利于他们的思维和智力发展。

三、学生的数学能力是一个整体性的思维结构

1978年以后,我一直在自己建构的思维结构理论体系下进行应用研究,学生的学科能力是其中的重点之一。什么叫学科能力?基础教育界以前很少有人论述。我把学科能力理解为学科教学与学生智力发展有机结合的产物,并从三个方面对学科能力进行界定:一是学生掌握某学科的特殊能力;二是学生学习某学科的智力活动及其有关的智力与能力的成分;三是学生学习某学科的能力具有明显的个体差异。

考虑一种学科能力的构成,例如数学能力的构成,应从以下四个方面加以分析。

(一) 某学科的特殊能力系这种学科能力的最直接的体现

与数学学科有关的特殊能力,首先应是前边提到的运算(数)的能力和空间(形)想象的能力。数学是人类的思维体操,数学的逻辑思维能力也明显地表现为数学学科的能力。所谓运算,是指在运算律指导下对具体

式子进行变形的演绎归纳过程，它不仅指数字运算，而且包括各种数学式子及方程的变形和统计，以及极限、微积分、逻辑代数的运算等；所谓空间想象，是指对客观事物的空间形式进行观察、分析和抽象概括的过程，它包括对空间观念的理解和对二维、三维空间几何图形的运动、变换和位置关系的认识，以及数形结合、代数问题的几何解释等。

这两种能力的核心和基础是数学的逻辑思维能力，它包括数学的概念、判断（命题）、推理等基本思维形式，比较、分类、概括、类比、归纳与演绎、分析与综合等思维方法，以及对现实问题的数学建模。数学建模是一种高水平的思维活动，且是数学能力的重要组成部分。运算、空间想象和数学中的抽象逻辑思维，共同构成数学的特殊能力系统。今天数学核心素养定为数学抽象、逻辑推理、数学建模、直观想象、数学运算和数据分析，与传统的三种能力应该是一致的，也说明在真理探索的过程中越来越细致。对此，我将在第五章做专门的论述。

（二）一切学科能力都要以概括能力为基础

数学能力也是如此。掌握好诸如"合并同类项"等是对数学能力最形象的说明。因为数学教学的重点在于讲清基本概念，而数学概念的掌握需要概括能力做基础，同时它又促进概括能力的发展。因此，数学概念的教学和学生概括能力的发展是有机联系的。数学概念的概括是从具体向抽象发展、从低级向高级发展的。例如，从"自然数"到"整数""有理数""实数""复数"，就体现着一个抽象概括的过程，反映了从儿童到青年的思维能力、智力发展的水平。所以我在第一章强调数学能力必须以抽象概括能力为基础，在一定意义上说，数学能力就是数学抽象概括能力。

我们应该重视学生数学抽象概括能力的培养。正因为如此，北京中学数学教学权威李观博先生（1950年前是北京师范大学教师）在课堂上进行基本概念的讲授时，主要突出下面三点：①重要的数学概念反复出现、反复巩固；②用简洁、明白和通俗易懂的语言，引导学生一步步深入地概括；③引导学生善于看书，在看书时慢慢地理出头绪来，以提高数学抽象概括能力。

(三) 某学科能力的结构，应有思维品质的参与

任何一种学科的能力，都要在学生的思维活动中获得发展。离开思维活动，无所谓学科能力。因此，一个学生某学科能力的结构，当然包含体现个体思维的个性特征，即个体思维品质。如上所述，在一定意义上说，思维品质是智力与能力的表现形式。智力与能力的层次离不开思维品质，集中地表现在深刻性、灵活性、独创性、批判性、敏捷性五个思维品质上。思维品质的这些表现，可以鉴定每个个体某学科能力的等级和差异。所以在研究某学科能力的结构时，应考虑到这五种思维品质。表4-1和表4-2展示了我们课题组用数学语言构建并提出的学生数学学科能力模式。

根据上面三点考虑，我把数学能力界定为：以数学概括为基础，将三种数学能力与五种思维品质交叉形成15个节点（小学为12个节点）的开放性的动态系统。

(四) 学生的学科能力要体现其自身的特点

学生的学科能力，具体指每个学生身上所体现的学科的特殊能力、智力成分和思维品质。一方面，我们要重视学生学科能力的成分，它应包括学习某学科的学习能力、学习策略与学习方法；另一方面，我们又要重视每个学生的偏好和特长。我并不同意对学生早早分科，认为中小学阶段应倡导全面发展。尽管我对美国心理学家加德纳的多元智力观有所质疑，但多元智力观所强调的逻辑—数学智力、空间智力、语言智力、音乐智力、身体—运动智力等，倒是学生个体的学科能力。提出多元智力观的优点正是强调学生学科能力的差异，强调因材施教。

表 4-1 对小学生数学能力结构的列举及剖析

	运算能力	逻辑思维能力	空间想象能力
思维的敏捷性	1. 表现在概括过程中：只需借用少量运算实例，就能迅速概括出一般运算法则、定律、性质及其他规律或技巧。 2. 表现在理解过程中：只需通过少量实例说明，就能明白运算道理和过程，就能模仿规范进行运算。 3. 表现在运用过程中：只需通过少量运算范例，就能正确、迅速地进行运算；善于抓住问题本质，运算过程跳跃大，步骤简捷，心算、口算能力好。 4. 表现在时耗上：反应敏捷，停顿少，完成运算（特别是难度较大的运算）耗时少。	1. 表现在概括过程中：只需通过少量实例，就能概括出数、式及数量关系中的数学特征、规律与相应的解题技巧。 2. 表现在理解过程中：只需通过少量实例就能手懂数、式及数量关系中的特征与实质，能很快地抓住问题的实质，能熟练地做等价变换。 3. 表现在运用过程中：只需通过少量实例，就能准确运用数、式、数量关系等知识，说明和计算问题中的数学道理，解答比较复杂的数学问题，而且思路清晰、"弯路"少，推理跨度大。 4. 表现在时耗上：解答和说明问题速度快，完成推理过程耗时少。	1. 表现在概括过程中：只需通过少量实例，就能概括出几何形体中常见的数学特征及相应的计算公式（周长、面积、体积、内角和公式等）。 2. 表现在理解过程中：只需通过少量实例，就能懂得几何形体的有关定义、性质、公理，能很快地抓住几何形体间的本质联系。 3. 表现在运用过程中：只需通过少量实例，就能概括具体问题中的几何本质联系，选择正确的方法，准确地解决几何度量、作图和计算等问题；在说明几何现象和解答几何问题过程中，几何表象清晰，重现迅速，能快捷地进行分解、组合、等积变换。 4. 表现在时耗上：心到手到，连贯迅速，耗时少。

续表

	运算能力	逻辑思维能力	空间想象能力
思维的灵活性	1. 表现在概括过程中：善于运用运算结果比较分析，并联系生活经验归纳、概括运算的意义，法则、定律、性质，灵活选用数学技巧；紧扣目标展开思索。 2. 表现在理解过程中：善于利用已有的数、式、运算等知识、技巧和生活经验，从多侧面去弄懂数学运算问题。 3. 表现在运用过程中：善于自觉地调用运算意义、法则、定律、性质和技巧，根据计算目的灵活调节和选择运算过程，选用运算方法进行合理、巧妙的运算；既能用一般的方法，也能用特殊技巧进行运算，还能用多种方法解决同一个运算问题。 4. 表现在运用效果上：流畅、停顿等，恰当，方法灵活，解法多。	1. 表现在概括过程中：善于调用已学数学知识与学习经验，从不同角度进行比较、归纳、假设，概括出数与运算、数量关系中的规律。 2. 表现在理解过程中：善于调用已有的数学知识、技巧、经验，灵活采用分析、演绎、"模仿"、想象，尝试等思维方法，去弄懂数学问题（包括概念和需要解决的问题）。 3. 表现在运用过程中：善于灵活地从不同角度、不同知识、式、几何知识出发，考虑从不同和环境出发，善于用一般的方法和特殊技巧解决问题；善于用一般的方法和技巧去解决同一个问题；善于逆向与求异思维兼答，正向与逆向、扩张与压缩变换观点与想问题的习惯，善于运用变化的运动的观点去思考问题的习惯表现。 4. 表现在推理效果上：目标跟踪意识强，方向、过程、技巧及时转换，水平高，解法多。	1. 表现在概括过程中：善于画图和动手实验，灵活调用已学知识、技巧，较容易地概括出几何图形的基本特征与性质（包括公式）。 2. 表现在理解过程中：善于调度用多种方法（推理、实验等）去同角度理解几何体的位置与度量关系和某些性质（如稳定性，在圆锥体积、在圆锥体中高与底面积的反比例性质等）。 3. 表现在运用过程中：善于灵活地从不同角度运用不同的几何知识，分析、解决几何问题；善于在某个条件变化的情况下，变换几种几何问题，几何条件联系到某些几何儿的形状，去解决某些几何问题；善于由已知几何条件联想到多种几何位置、形状与度量的关系，并灵活地解答各种变形问题。 4. 表现在几何想象效果上：空间想象能力强，变换多，不仅能从一种几何形态想象到另一种几何状态，而且能从某些算式想象出具有相应的度量且能从某些几何形体；解题思路多，方法选择得当，善于解答组合图形问题。

续表

	运算能力	逻辑思维能力	空间想象能力
思维的创造性	1. 表现在概括过程中：善于用独特的思考方式去探索、发现，概括运算方法（技巧）。 2. 表现在理解过程中：善于用独特的方式，去理解和解释运算方法与规律。 3. 表现在运用过程中：善于用独特的、新颖的方法进行运算（包括解方程、化简比、化简繁分数等）。 4. 表现在运算效果上：解法新颖，有独到之处。	1. 表现在概括过程中：善于发现矛盾、提出猜想，给予验证（论证）；善于按自己喜爱的方式进行归纳，具有较强的类比推理能力与意识。 2. 表现在理解过程中：善于模拟和联想；善于提出补充意见和不同的看法，并阐述理由或依据。 3. 表现在运用过程中：分析思路、技巧运用独具新颖；善于编制机械模仿性习题。 4. 表现在推理效果上：新颖，反思重新建构能力强。	1. 表现在概括过程中：善于用独特的思考方法去探索和发现几何形体的数学特征与量性质。 2. 表现在理解过程中：善于提出等价的几何公式和修正意见；善于用一般化的几何形体的数学特征。 3. 表现在运用过程中：善于创设几何环境；善于制作几何模型；善于用方法分析、解答几何问题。 4. 表现在想象效果上：想象丰富、新颖、独特。

续表

	运算能力	逻辑思维能力	空间想象能力
思维的深刻性	1. 表现在概括过程中：善于广泛地调用所学的数学知识，细致、负责地分析有关运算的问题，善于紧扣本质与内在联系，概括和形成新的有关运算的意义、法则、定律、性质等概念。 2. 表现在理解过程中：善于从四则运算之间的辩证统一关系出发，深入理解各运算的意义；善于从整数、小数、分数（百分数）间的内在联系出发，深入理解和实践各运算定律和性质；善于从计算经验和生活实践出发，弄清有关运算公式、法则和性质成立的理由。	1. 表现在概括过程中：善于从具体数学材料中抓住本质，概括出有关数、式和数量关系的基本概念与公式。概括和形成新的有关运算的意义、法则、性质等运算概念；善于在较复杂的应用题中概括出基本数量关系；善于在解题过程中概括出知识结构，习惯类型并进行解答技巧分类。 2. 表现在理解过程中：善于正确理解各种数学名词与符号的意义，在头脑中建立各种数学概念；善于发现知识间的内在联系，能将头脑中的知识重新进行建构。	1. 表现在概括过程中：善于从不同状态、不同角度用不同方法，正确地形成有关几何、统计图表的概念、度量性质和比例尺，统计图表的概念。 2. 表现在理解过程中：善于用变化的、辩证的思想去认识并发现几何形体中某些量间的比例关系和不同形体间的联系；善于用形体、解法认识新的几何形体；善于用经验与解释现象解释某些计算公式和变化几何现象规律。

续表

	运算能力	逻辑思维能力	空间想象能力
思维的深刻性	3. 表现在运用过程中：善于进行数和算式的等值变换、公式的等价变形，善于辩证统一地处理运算变换和解变形的或不常见的运算问题；善于用一般的方法解较大的文字题和方程；具有良好的检验习惯，能自觉地防范运算依据不充分、漏洞的能力强。 4. 表现在运算效果上：过程正确、严谨，技巧化水平高，解答难度较大问题能力强。	3. 表现在运用过程中：善于进行数量关系的等价变换、掌握多种描述同一数学性质的语言的技巧；善于辩证统一地运用四则运算意义说明实际问题中的数量关系，用具体数量关系解释四则运算概念；善于区别相近数学概念，发现不同数学现象间的本质联系，善于将知识技巧进行组合、分类，使之系统化、结构化；善于全面、严谨地思考问题，能充分的理由说明数学现象和解答问题的过程；善于自觉地用分析、综合、归纳、演绎、模拟、类化、假设、想象等方法，解答难度较大的问题。 4. 表现在推理效果上：全面、严谨、深刻，技巧等平高。	3. 表现在运用过程中：善于对常见几何形体按几何特征或度量性质进行分类，能根据文字题分析想象出相应几何形体，并正确地分析几何特征与隐含的数量关系；能将一些抽象的算式解释成具体几何环境中的数量关系；善于对组合图形（体）做丰富的想象变换，并转换数量关系；善于简单图形来设计并绘制正确的统计图表，分析难度较大的几何问题做到理由充足。 4. 表现在几何想象效果上：解答由文字抽象描述的几何问题能力强，几何形体的分解与组合变换形式多样，理由中有鲜明、准确的方位、方向、形状、度量观念和广阔的几何交换空间。

（注：本表制作者为我们课题组的谭端、李汉。）

表 4-2 对中学生数学能力结构的列举及剖析

	运算能力	逻辑思维能力	空间想象能力
思维的敏捷性	1. 只需通过少量的具体例子，就能概括出一般的运算方法。 2. 只需通过少量的例题，就能正确运用公式和法则进行难度较大的运算。 3. 善于抓住问题的本质，迅速选择正确的方法和步骤。 4. 运算步骤简捷。	1. 只需通过少量的例题，就能掌握一种方法。 2. 只需通过少量的例题，就能正确运用定理解决难度较大的证明问题。 3. 思维效率高，能很快抓住问题的实质，推理过程所走的"弯路"少。 4. 推理论证步骤简捷。	1. 只需通过少量的具体图形，就能概括出图形的一般性质。 2. 只需通过少量的例题，就能进行难度较大的图形分析。 3. 能够迅速地找到图形的本质联系。 4. 分析几何图形的步骤简捷。
思维的灵活性	1. 善于灵活运用运算定律、运算法则和运算公式。 2. 容易从一种运算方法转向考虑另一种运算方法。 3. 善于将公式灵活地变形。 4. 善于将公式中的变元及方程中的未知量灵活地代换。 5. 容易从一式子的运算转向它的分解，从一种运算转向它的逆运算。 6. 善于运用多种方法解同一个运算问题。	1. 善于灵活运用法则、公理、定理和方法，概括—迁移能力强。 2. 善于灵活变换思路，能从不同角度、方向运用多种方法解决问题。 3. 善于运用变化的、运动的观点着手思考问题。 4. 思维过程灵活，善于把分析与演绎、特殊与一般、具体与抽象有机地联系起来。 5. 容易从正向思维转向逆向思维。 6. 思维结构多样、灵活。	1. 善于灵活运用图形的性质。 2. 善于从不同角度用多种方法分析图形的性质。 3. 善于从图形的位置、度量关系的变化来发现规律。 4. 善于在保持图形已知条件的要求下灵活变换图形。 5. 善于解决轨迹问题。 6. 善于从已知图形中联想到多种位置和度量关系。

104

续表

	运算能力	逻辑思维能力	空间想象能力
思维的创造性	1. 善于探索、发现新的运算规律。 2. 善于提出独特、新颖的解题方法。	1. 富于联想，善于自己提出新的问题，并能独立思考，探索和发现新的规律。 2. 对定理、法则有自己独特的理解，并能够进行推广；善于提出自己独特、新颖的解题方法。 3. 能编制有一定水平的习题。	1. 善于探索和发现新的图形关系中的规律。 2. 善于提出独特、新颖的方法进行图形分析。 3. 能设计制作有一定特色的几何教具。
思维的批判性	1. 解题时能看清题目要求，自觉采用合理步骤。 2. 运算中能正确选取有用的条件和中间结论。 3. 运算中能及时调整解题步骤和方法，对特殊问题能采取特殊解法。 4. 善于发现运算过程中出现的错误并及时纠正。 5. 在使用运算法则时不容易发生混淆。 6. 善于运用各种方式检验运算结果的正确性。	1. 善于对问题的可解性做出正确的估计，推理过程的目的性强。 2. 推理过程中能恰当选取有用的条件和中间结论。 3. 推理的思路清楚，具体问题具体分析，能及时调整思路。 4. 善于发现推理过程中出现的错误并及时纠正。 5. 不容易受到错误的"引诱"，不容易产生错觉，善于克服学习过程中的"负迁移"。 6. 善于考虑正反两方面的论据，做出正确的判断。	1. 分析图形关系的目的性强。 2. 善于从复杂图形中提取出有用的基本图形加以分析，善于正确添加辅助线。 3. 善于作图及发现图形分析中的错误，并及时纠正。 4. 容易摆脱具体图形产生的错觉。 5. 善于变换具体图形来检验分析得到的结论的正确性。

续表

	运算能力	逻辑思维能力	空间想象能力
思维的深刻性	1. 能正确形成有关数、式、方程和函数的概念，有各种运算和式子变形的概念。 2. 善于概括各种运算及式子变形的类型，并能正确地判断一个具体问题属于哪种类型。 3. 善于对式子、方程、函数做一般研究，善于了解字母系数的习惯。 4. 善于找到有关公式之间的联系，并运用这种联系去掌握公式。 5. 善于自觉运用基本运算律、指数律，以及加减统一、乘除统一、乘方开方统一的思想，掌握其他公式和法则。 6. 能自觉做到每步运算或变形的依据充足。 7. 能弄清公式、法则成立的理由。 8. 善于解决难度较大的运算问题。	1. 能正确形成各种概念，正确理解各名词及符号的含义。 2. 善于概括各种数学证明的类型及一般方法。 3. 掌握例题结构及四种命题之间的关系。 4. 善于将例题结构化、系统化，善于抓住各概念及知识之间的联系，从不同角度分析组合、概括地形成知识结构的系统。 5. 善于自觉运用分析和综合、对比和类比、归纳和演绎、直接证法和间接证法进行推理论证。 6. 能自觉按照逻辑规律进行推理，做到推理的每一步都有理由。 7. 善于掌握定理的证明。 8. 思考问题全面、细微，能从事难度较大的推理论证、解决难度较大的综合问题和应用问题。	1. 能正确形成几何图形的有关概念以及数轴、直角坐标系、方程的曲线（面）、函数的图像等概念，善于给出某些代数问题的几何解释。 2. 善于对几何图形，方程曲线及函数图像进行概括、分类，抓住各种图形（或图像）之间的联系。 3. 善于根据文字叙述想象出几何图形，善于根据几何图形正确地分析相关的位置和度量关系，并能用语言文字表达。 4. 善于根据方程想象曲线的形状，善于由曲线的形状看出方程的特点。 5. 善于根据函数关系式想象图像的形状，善于由图像的形状掌握函数的特点。 6. 能自觉做到对几何图形、方程曲线、函数图像的分析有充足的理由。 7. 善于分析难度较大的几何问题。

（注：本表制作者为我们课题组的孙教甲。）

由此可见，包括数学学科能力在内的学科能力，是以学科知识为中介的一种整体结构，具有系统性、可操作性和稳定性。智力与能力不是空洞的，其中一种显著的表现就是和学科教育相联系，构成学生的学科能力。

四、数学教学应从思维的整体性出发

从整体出发开展数学教学，这是培养学生思维完整结构的需要，也是提高数学教学质量的需要。

如何在数学教学中注意整体性呢？

（一）认真钻研教材，掌握整个教材的系统性并研究其科学性

数学是一门具有整体性、逻辑性、严密性的基础学科。中小学数学教师，不管教哪个年级，都应该分别通读数学教材，了解教材的编写意图，明确教材的目的和基本要求，深入研究教材中的基础知识前后、左右、纵横的联系，以及它们在每节课、每个单元、每本书乃至今后学生进一步学习时的地位和作用，使自己对整册教材有比较全面的认识，做到心中有数。特别是遇到教材内容繁杂、头绪纷乱时，一定要详细、认真地整理和分析教材，要化繁为简，理出思路。

在此基础上，还要精读教材，进一步对每一章、每一节的具体内容深入钻研，对教材中的概念、定义、定理、公式和法则逐字逐句推敲，掌握其精神实质，并使其系统化、条理化。例如，有经验的教师在准备关于"方程变形的四个性质"这一节的教学内容时，对其中提到的"都"和"同"这两个关键词很注意。学生往往把同解和结果搞混了，其原因是对这里的"都"和"同"没有很好地理解。如果原方程两边都加上"同"一个数（或者同一个整式）或者两边"都"乘"同"一个数，则新方程和原方程是同解；如果方程两边"都"乘"同"一个整式或"都"用"同"一次数乘方，则新方程是原方程的结果。这里的"都"和"同"是同一个

词，但所包含的内容是不同的。这样对方程变形的四个基本性质，就理解得更深刻了。

备课时，对教材中的所有例题、习题都要认真演算或论证，研究各种习题的多种解法，归纳同类型习题的解题规律，钻研教材中配置这些例题、习题的目的是什么。把每个单元的教学内容和例题、习题搞清楚，可为确定教学的重点、难点奠定基础。

（二）教给学生系统、科学的数学知识

教师掌握整个教材的系统性，研究它的科学性，目的是把系统、科学的知识教给学生，使他们的数学知识系统化、条理化。

例如，有一位数学老教师在高中新班准备讲授代数时，给学生绘制了一张代数系统结构图（见图4-6）。

图 4-6　代数系统结构图

这位教师从一开始就让学生对代数有一个整体的理解，在以后的教学中，他始终引导学生将知识系统化、条理化，结果全班学生的数学成绩提高很快，而且条理清楚、逻辑性较强。

为了更好地传授给学生系统的数学知识，同时促进他们思维整体结构的发展，中学数学的混编教材，可改为代数、几何和三角分编。分编教材，代数、几何和三角作为三门课开设，且几何与代数一开始就同时进行教学，便于学生比较，建立"形"与"数"概念的内在联系，促进学生数

学知识的整体性和运算思维的完整性。三科分编，使知识系统化，适合中学生思维结构发展的年龄特征，便于他们系统地接受代数、几何与三角知识。这样的教材要比"跳跃式"的数学教材的系统性与科学性强得多。数学分科编写教材是否不利于渗透现代数学思想呢？不是！现代数学思想可以通过各科渗透，分编教材绝不影响渗透现代数学思想。

（三）切实加强数学基本概念的教学

数学教师要针对学生现有的知识水平、经验结构和思维结构等特点，切实加强数学基本概念的教学。

目前，各中小学都是根据课程标准的要求进行数学教学，不是完全根据学生实际文化程度和思维心理结构水平进行教学。为了追求考试分数和升学率，教师加班加点赶进度，不重视基本概念教学，而是快速讲完知识后，把重点放在做题目上，放在让学生进行大量机械模仿训练上，导致许多学生对数学知识不求甚解。强调课程标准，强调统考，可是未能发现学生认识事物的结构，未能了解知识和学科本身的结构，没有考虑学生之间的差异性，一味强调统一、"看齐"，势必脱离现实、脱离实际。只有学生掌握好数学基础概念，理解了基本概念之间的相互关系，才能在此基础上扩大和加深知识，形成学习上大量普通的"迁移"。因此，教师应当根据学生的实际情况，切实加强数学基本概念教学，这对数学教学是很重要的。当然也要注意循序渐进，着重抓重点、难点和疑点，提高数学基本概念教学的效益。

（四）通过数学复习使学生形成完整的数学知识体系

复习，对数学教学有着非常重要的意义，应把它摆在和新授、练习同等重要的位置，绝不能轻视。

不论是单元复习还是总复习，都要强调通过复习使所学知识系统化，并与旧知识建立内在联系，形成一个完整的知识体系。如果学生切实掌握了这种内在联系与知识体系，充实了自己完整思维结构的知识内容，就能达到对知识的举一反三、灵活运用，实现巩固和增进知识的目的。学生在知识系统逐渐内化的过程中，从量变到质变，就能使思维整体结构获得发展。

复习要注重全面、系统地整理基础知识。数学家陈景润十分强调基础知识，他认为，最简单的东西虽然容易接受，但不容易真正理解。简简单单的东西，往往涉及的概念是最基本的，只有把简单的东西熟练地掌握好，才容易接受比较复杂和高深的东西。如果把基本知识全面地系统化，就形成了一个完整的知识结构。

复习中，教师要重视引导学生通读教材，使学生明确教材的目的与学习要求，要求他们再次深入研究教材中基础知识的发展线索、相互联系，以及它们与其他已经学过的相关知识的联系，明确这些知识的地位与作用，通过知识的进一步归纳、概括、分类、系统化，最终形成完整的知识结构。

复习中，让学生综合练习是不可缺少的重要步骤。通过练习，学生将学过的概念、公式、定理、法则等加以比较，找出异同，同时可以进行综合运算，使知识条理化、系统化，并为发展思维的完整结构奠定坚实的基础。

（五）提高数学理解力，促进学生思维整体结构的发展

理解，就是认识或揭露事物的本质。数学理解力同样如此，它包括：①理解数学教材中阐述的数量关系之间的因果性；②理解数学教材中所阐明的某些关系的共性与个性；③理解数学教材中所注明的某些问题，诸如数学定理、公式及解答各类习题的逻辑依据；④理解数学教材中数量之间、图形之间的整体关系等。这些理解力建立在思维结构的基础上。同时，任何一种数学概念、数量关系与形体关系，都可按不同标准归类与被理解。因此，学生在学习数学的同时，会形成多种多样的数学运算思维结构。思维结构是理解的基础，理解的深入又能促进思维结构的发展。

英国心理学家贝尔（M. A. Bell）以中小学生感到陌生的数学的一个分支——拓扑学的网络图形做试题，测定中小学生的理解力，三组被试的成

绩是有差异的：原先了解规则来由的组，75%的被试能适应新任务，理解网络规则；只是给规则而不说明规则来龙去脉的组，有30%的被试完成了任务；没有任何先前经验的组，只有17%的被试能完成任务。可见，理解数学的新问题必须依赖过去的经验和智力水平。学生有意识地掌握数学知识的前提是能够理解他们所要学习的东西，而理解力是在学习过程中不断发展起来的。怎样才能正确而顺利地理解数学知识，从而迅速地发展理解能力呢？

　　教师必须从学生已有的知识经验结构与思维结构水平出发，已经理解的知识是理解新知识的基础。为此，数学教师只有了解学生，才能有的放矢。比如，学期开始新接一个班，教师就要了解这个班的学生各方面的情况，学生对于科学知识掌握的情况如何是一个重要方面。出一份比较全面的试卷来个摸底测验，是很有必要的。通过分析学生的答卷，可对学生的基础知识、基本能力、智力品质及思维结构等情况有一个大概的了解。这样，备课、讲授与辅导才不会脱离学生原有的知识经验结构与思维结构，一切措施才能有的放矢。

　　数学教学必须循序渐进。这是由数学学科的特点所决定的。前面的不懂，后面的就难懂。快和慢也是辩证的，前面不懂的就要加强复习，"磨刀不误砍柴工"。如果前面的不懂就学后面的，后面的就更不懂，必然形成恶性循环，问题成堆，就不好办了。加大难度和抽象度的教学是必要的，但我们要反对不顾基础的高难度、高速度和高理性。加大难度、速度和抽象度是有条件的，这个条件是众所周知的，即遵循从已知到未知、从不确切地知到比较明确地知、从具体到抽象、从易到难、从简单到复杂、从近到远等原则，这些都是引导学生理解数学教材必须遵守的客观规律。

　　语言是理解的工具，教师的语言要简洁、明白，举例要通俗易懂，这是教师的教学经验之谈。例如，有一位老教师讲复数时是这样概括的。

　　婴儿吸母乳时，无人与之争，就不需要数的概念。一两岁时，吃包子就能懂得哥哥吃了2个，他才吃了1个，说明他已有自然数的概念和需要；再大一点时，给他一个苹果，让他和哥哥、姐姐分，他就能认识到分数的概念，每人吃 $\frac{1}{3}$。这些就概括成正数。等到会花钱记账时，亏了要欠债，这时就产生负数的概念，从而概括成为有理数。计算单位正方形的对角线长，需要解方程 $x^2=2$，这就要引进无理数概念。解形如 $x^2+2=0$ 这样的方程，就必须把数系扩张，引进虚数概念就成为必然。

这位老教师的语言是多么简洁、生动。教师的语言调动起学生原有的思维结构与已有经验，不仅帮助学生理解了数学知识，而且带动了学生语言的发展。

此外，教师的数学基本功，精讲善练的讲练结合方法，也能发展学生的思维结构，使学生通过不断练习而纳入思维结构与经验结构的新知识得到强化与巩固，提高理解水平且发展理解能力。

第五章 运算中学生思维能力的发展

人的思维活动有一个过程，这个过程主要是分析与综合、比较、抽象与概括，并以认知心理学所强调的串行、平行和混合方式进行着。基本的思维形式的概念、判断（命题）和推理就是这个过程的表现，各类问题的理解、解决也是这个过程的表现。思维能力往往不是思维活动某个过程的表现，而是这些过程完整的实现。

在数学学习中，学习者运算思维的概括能力、空间想象能力、命题能力和逻辑推理能力得到迅速发展，尤其是数学概括能力的发展。如前所述，数学概括能力是数学能力的核心，在一定意义上说，它就是数学能力。

一、数学学习与学生概括能力的发展

如前所述，概括是在思维活动中，把同一类事物共同的、本质的属性集中起来，成为一般的类的属性。

任何科学研究的目的都在于概括出研究中所获得的东西。达尔文说："我的思想似乎变成了一种机器，只能从一大堆事实中研磨出一些一般的法则。"（达尔文，1994）把事实"化"为现象的一般规律，是一切研究最重要的、终极的阶段，而这种"智慧"的过程正是抽象概括的过程。由此可见概括能力在现实中的作用与重要性。

概括能力之所以重要，还在于它是掌握概念的直接前提。概念是事物的本质属性在头脑中的反映，它是用词来标志的。概念与判断、推理构成基本的思维形式，而概念则是这种逻辑思维的"细胞结构"。要教会学生一些概念，首先必须培养他们的概括能力。因为掌握概念就是对一类事物加以比较、分析与综合，在此基础上找出一类事物共同的、本质的特征或属性，然后把它们概括起来。概括能力的高低取决于把握事物共同的、本质的特征或属性的思维水平的高低。

数学教学的重点在于讲清数学的基本概念。基本概念是基础知识的核心，数学中的定义、定理、法则、公式等都含有各自特有的数学概念，如果学生尚未掌握和区别各种基本概念，运用起来就会混乱，甚至产生错误。因此，教师必须十分重视对基本概念的教学。有经验的教师向学生讲基本概念时，不是一次讲清楚了事，而是反复讲述，不断地加以巩固。数学概念的掌握需要以概括能力做基础，同时它又促进概括能力的发展。因此，数学概念的教学和学生概括能力的发展是有机联系的。

概念的概括是从具体向抽象、从低级向高级发展的。中小学生数学概括能力的水平，可按以下六项指标来确定。

- 对直观的依赖程度。例如，在运算中是靠独立思考还是靠掰手指头或其他直观教具进行的。

- 对数的实际意义的认识。例如，"10"代表十个，"$\frac{1}{2}$"是指半个，等等。

- 对数的顺序和大小的理解。例如，89 在 98 之前，98 在 89 之后，89 小于 98，98 大于 89。

- 数的分解组合的能力和归类能力。例如，100 由"50+50"组成，或由 10 个 10 组成，或由 100 个 1 组成……；又如"合并同类项"等。

- 对数学概念定义的展开，能下定义，不断揭露概念的实质。例如，对"无理数"的理解，其定义就是"不循环的无限小数"，并能举出 3 个无理数的例子。

- 数的扩充程度，即上述五指标。例如，在从"自然数"到"复数"的扩充中，属于哪一级数的概括水平，亦即属于在"自然数"内的概括还是在"有理数"内的概括，越往抽象数上概括，概括的水平就越高。

以上六项指标是学生对数概念的掌握及其概括能力大小的具体体现。

但是，有些教师只满足于学生会做题，不注意引导学生发展概括能力，这是对基本概念的重要性认识不够，对发展概括能力未加重视的表现。其结果是，学生往往只会"照葫芦画瓢"：教师怎么说，学生就怎么搬；公式怎么定，学生就怎么套。不妨举个简单的例子。

一年级的算术，重点是 20 以内的加减法。虽然不少学生得了 100 分，但他们中有的在运算中靠掰手指头，有的必须出声复述他思考与运算的过程，其共同点是依赖直观实物进行运算，内部言语不发达，思维的概括能力较低。有的学生倒不需要依赖直观实物来运算，但不了解数概念的实质由数的实际意义、数的顺序与大小以及数的组成三个因素构成，只知 20 由 10 与 10 相加，却不能自觉地转换成由 11 与 9，15 与 5……来组成，于是其数的概括能力也不强。这表明教师在教学过程中忽视了对学生数学概括能力的培养。小学一年级是学生进行常规训练的重要阶段，因此，在此期间应该把发展学生的概括能力列入常规训练的内容。

有经验的教师在教一年级算术时，比较强调数的组成，加强分解组合的训练。在"0—10"11 个数的概念教学中，不必一个个细讲，可以综合性分解组合。例如，"10"是由"1"与"9"组合的，或由"7"与"3"组合，"10"还等于"3+4+3"，或等于"5+2+1+1+1"……然后让学生去演绎计算。从"10"到"20"，讲完"20"马上过渡到"100"，照此类推，讲数的关系、分解组合，让学生演绎计算。在计算的基础上，引导学生归纳、概括"100"以内的加减规律。实验证明，这样做，学生不仅数学知识掌握得快，而且运算能力也显著提高。

不论是在小学还是中学，数学教师都必须十分重视学生对基本概念的掌握，重视其数学概括能力的培养。有位中学老教师在讲二元二次方程组时，对方程组同解的三个性质（①如果把方程组里任何一个方程换成和这个方程同解的方程，则所得的新方程组与原方程组同解；②如果方程组中一个方程里的一个未知数，用另一个未知数的代数式来表示，则方程组中的另一个方程里，把这个未知数换成这个代数式所得的方程组，与原方程组同解；③如果把方程的两边分别相加或相减得出一个方程，则和原方程组里任何一个方程组成的方程组，和原方程组同解）做了精辟的分析。因为这三个性质是解方程组时保持方程组同解的重要法则，为了使学生对三个性质有深刻的理解，这位教师在教学中突出对学生概括能力的培养，反复讲解了三次。

第一次，用一个课时讲解三个性质的实际含义即数学概念的实际含义后，紧接着选一组二元二次方程组的基本例题，通过例题的解法，让学生初步概括每个性质在解方程组时保证同解的作用。

第二次是将二元二次方程组分为两类讲解、练习。一类是一个二元二次方程和一个二元一次方程组成的方程组；另一类是两个二元二次方程组成的方程组。每类用2个课时，并从习题中选出6个典型题目讲解、练习，通过具体例题的解法，说明三个性质是保证方程组同解的重要准则。然后举几个分式方程组和无理方程组，虽然它们有解，但出现了增根或减根，其原因是在解的过程中越出了同解方程组的三个性质。这时，告诉学生解分式方程组或无理方程组时，一定要验根。这一次反复使学生对这三个性质的内在组合分解有了新的概括，使他们对三个性质的认识又进了一步。

第三次是综合运用同解方程组的三个性质，并举出七种不需要验根的二元二次方程组的特殊解法。这次反复使学生提高了对这三个性质的本质认识，概括能力又发展了一步。经过这样多次反复，学生不仅牢固地掌握了同解方程组的三个性质，而且提高了运算速度和解题能力，特别是概括能力。

为了使学生不断地提高数学概括能力，我们教改课题组提出了如下培养学生概括能力的措施（顾竞夫，赵荣鲁等，1992）。

1. 明确抽象概括的主导思路，引导学生从猜想中发现，在发现中猜想

所谓"猜想"，实质上是学生原有认知结构作用于新知识的尝试掌握。强化猜想、发现，教师首先要分析教材结构和学生的认知结构，明确抽象概括过程的主导思路。然后，围绕这条思路，确定引导学生不断深入猜想、发现的方案。这里，必须注意三点。

- 学生的认知结构对所学知识的同化、顺应，应在不断发现新旧知识的本质联系与区别的基础上进行。猜想、发现要促进同化、顺应，就必须紧密围绕揭示知识之间的本质联系和内在规律来进行。因此，对教材结构的分析要抓住前后知识的本质联系与区别，形成贯穿全课题的猜想、发现的一条主线。
- 在分析教材结构的基础上，进而分析学生的认知结构。弄清哪些知识是与学生原有认知结构相适应、可以同化的，哪些知识是不相适应、需要调整以便顺应的，从而确定猜想、发现的主要内容。
- 要坚持在关键问题上放手让学生猜想、发现。单纯传授知识的教学，为了教学顺利，对于教材中的难点和易错的内容，教师往往采取自己代替学生事先排难的措施。这样表面看来学生轻易地过关了，实则是剥夺了学生锻炼思维能力的机会。要促进同化、顺应的猜想和发现，必须在关键问题上设问，巧妙地引导学生发现原有认知结构的缺陷；点拨、指导他们调整认知结构向高层次发展。

以"一元二次方程的解决"为例。教材中是从直接开平方法入手，渐次引入配方法、公式法和因式分解法的。贯穿整个解法的一条主线是从特殊到一般；从前一种解法到后一种解法的发展，是通过后一种方法转化为前一种方法来完成的。因此，概括过程的主导思路应当循着从特殊到一般的程序，围绕前后两种方法的本质联系和区别来展开。从学生的认知结构来看，直接开平方法的寻求、从配方法到公式法的发展是学生易于同化的；而从直接开平方法到配方法，在方程变形时需要添项、减项，且配方的结果引发出方程的多种类别。因式分解法又不同于前几种解的通法，有其特定的适用范围。这些是学生原有认知结构不易适应、需要调整以顺应的。在以上分析的基础上，再明确概括过程的主导思路并确定引导猜想、发现的方案。

2. 要为学生的抽象概括提供丰富恰当的材料，并把抽象概括的东西具体化

学生抽象概括的水平依赖于数学材料及其质量。选择一定量与质且典型的材料说明要抽象概括的东西，可使学生容易理解抽象概括。而在这个过程中，学生的认知结构与抽象概括问题之间适应与不适应的矛盾最易暴露，也最容易对学生形成适应的刺激。因此，教师要有意识地再把抽象概括的东西具体化，引导学生发现矛盾、猜想尝试，这样的教学会产生显著的效果。例如，"按一定要求编题"就是把抽象概括的东西具体化的一种好方式。

3. 通过变式、反思、系统化，积极推动同化、顺应的深入进行

单纯传授知识的教学，在推理论证得出结论之后就基本完结，虽有小结，但也只着重于知识本身的系统归类，以求记忆牢固，缺少对同化、顺应的推动。培养思维能力的数学教学不能止于推理论证的完成，而必须在获得结论之后，回顾整个思维过程，检查得失，加深对数学原理、通法的认识；联系以往知识中有共同本质的东西，概括出带有普遍性的规律，从而推动同化、顺应的深入。

这里举一个较典型的"变式"的例子：为了让学生从各个不同方面指出事物的本质特点，以避免概念的片面性，图 5-1 出示的 6 个三角形都是直角三角形，可是，由于图形的位置不同，某小学高年级竟有半数学生认为图中的第三个和第四个三角形不是直角三角形。由此可见运用变式在数学教学中的重要性。

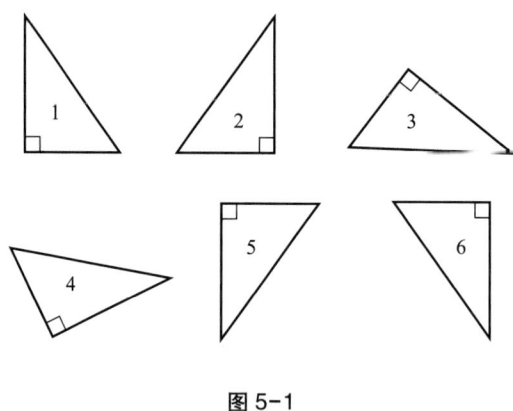

图 5-1

4. 大力培养形式抽象的能力，通过言语描述，根据假定进行概括

根据概括能力发展的趋势，我提出了三条培养措施。

相关图书推荐

(1) 分阶段逐步培养，逐步使学生分清数学关系的本质特征或属性。

(2) 在例题教学中，重视课题类化和预想解题方案，引导学生观察和比较，以便学生熟练掌握基本题型、思路和方法，并帮助他们揭示解题的思维过程。

(3) 正确处理形式抽象、根据假定进行概括与具体形象思维和直觉思维的辩证统一关系。具体内容包括以下两点。

- 揭示数学问题同实际问题的联系，在发展思维抽象成分的同时，使具体形象思维不断得到充实、改善。揭示数学问题同实际问题的联想和结合，主要通过四个方面进行：一是从现实情境和实际问题出发，引入开始的数学概念、定理和方法；二是注意阐发数学概念或过程的几何解释或物理意义；三是运用数学的概念、定理、方法解决有关的实际问题；四是给有关数学概念做解释或下定义。

- 先猜想、发现，再分析、证明，在培养形式、抽象、根据假定进行概括的思维中孕育直觉思维。如，某学生在计算 $(x+y)^2-2(x+y)(x-y)+(x-y)^2$ 时，突然迅速答出"$4y^2$"而一时讲不清思维过程。我认为这是一种直觉思维的萌芽，因此立即肯定了答案，进而引导他与大家一起分析思维过程，发现他是将 $(x+y)$，$(x-y)$ 分别看作一个元素，逆向运用两数差平方公式的结果。

通过实验措施，我们获得了可喜的研究结果。原北京市通县教科所与通县六中的实验点，在全县（今通州区）统一命题的初中各学年代数期末考试中，初中三个年级实验班的代数学习成绩逐渐稳步提高，优于对照班，且差异显著，标准差小于对照班，说明离散性小。由此可见，实验措施在学生学习成绩的提高中发挥了作用。

同时，我们按照数学能力的结构，对实验班和对照班学生进行了数学能力测定，实验班学生在数学能力的发展上，从七年级下学期起，逐渐优于对照班，并达到了显著差异的程度。从这里可以看到，实验措施在实验班学生数学能力发展上发挥了作用，同时也可以看出，学生的数学能力差异要比学习成绩差异出现得晚。

二、数学学习与学生空间想象能力的发展

当我们说到世界上任何事物的存在时,首先要指明它在什么地方,具有多大的规模或体积,这就是指事物的空间位置和它的广延性。要确定一定事物存在的空间位置,必须了解这一事物同周围其他事物的空间联系,如距离、排列次序等。当我们说到任何事物的运动时,必须联系到它的位置移动、规模或体积的增大或缩小。总之,任何事物的存在和运动,都涉及它存在和运动的空间形式。

空间形式为我们的头脑所反映,就产生了空间观念。茫茫宇宙,其空间是无边无际的。如何认识这个空间,空间想象能力是重要的智慧力量。任何生产劳动都要在一定的空间进行,任何技术发明与科学创造,同样要在一定的空间完成,这一切都离不开空间想象能力。因此,空间想象能力是人们对客观事物的空间形式进行抽象思维的能力,它是创造性思维的一个重要组成部分,在创造性活动中占有重要地位。

形的概念、几何概念是被认知的东西,它与数的概念紧密联系,成为数学的重要组成部分。

小学生要在数学教材里接触大量的形的概念,如长、宽、高、点、线、面、体……数学中形的概念、几何概念的掌握,需要空间想象能力做基础,同时它又促进空间想象能力的发展。学生对任何空间思维的掌握,总是需要在一定位置去理解物体的长度、宽度和高度的广延性,离开了这一物体与另一物体的位置关系,空间思维就无从理解,空间想象能力也就无从发展。因此,几何学习对学生空间想象能力的培养是很重要的。

中学生的空间想象能力与其解释图形信息,即对视觉表征及在几何作业、图形、图表、各类图示中使用的空间语言的理解有关,因此它与学生所学习的课程内容和内容的组织形式,尤其是内容的表现形式有很大关系。

与空间想象能力发展密切相关的中学数学几何课程提供了培养学生空间想象能力的丰富的图形材料。但是，古今中外，所有几何课程都是以组织成逻辑体系的公理化模式为主来培养学生的，在这样的组织形式下，几何教育的目的就不是以发展学生的空间想象能力为主，而是以发展学生的逻辑思维能力为主。图形在这里所起的作用，是帮助学生理解抽象的逻辑系统，从而达到发展完善的逻辑思维能力的目的。也就是说，目前我们关于学生空间想象能力的培养，是与对学生逻辑思维能力的培养紧密相连的。

不仅如此，空间想象能力还与视觉加工能力有关。视觉加工能力包括把抽象的关系或非图形信息转换成视觉信息，即对视觉表征及视觉表象的操作和转换。这是一种过程能力，与学生所学内容的呈现形式无关。因此，从这个角度看，空间想象能力的发展又与具体形象思维能力的发展密不可分。

空间想象能力与思维诸品质密切联系着。空间想象能力的发展与思维深刻性品质的完善程度紧密相连。因为没有思维的深刻性，就不可能有发展良好的解释图形信息的能力；同时，没有思维的灵活性与敏捷性，就不可能对非图形信息与视觉信息进行灵活的转换与操作，无法想象运动变化的空间；而没有思维的独创性与批判性，就不可能富有成效地进行图形的分解、组合与再创造，也就不能使学生的空间想象能力得到充分的发展。

当然，中学生空间想象能力的发展并不和他们所学的几何知识的增长完全同步。现行中学课本将立体几何集中安排在平面几何之后，到高一才学。但实际上，学生从八年级开始就已具备了对三维几何图形的较低水平的想象能力，但对三维几何图形的高水平的空间想象能力还不具备，它需要到九年级以后，在对二维几何图形认识的基础上才能实现对三维几何图形的较高水平的想象。这种不同步还表现在，学生学习立体几何是先学习空间直线与平面，后学习立体几何图形，但就学生的能力发展来看，是先达到对几何形状的整体想象，后达到对整体几何图形的分解与组合等。

确定一个学生的空间想象能力的客观指标，可以用下面三项准则：①对直观的依赖性；②对平面、立体各种空间位置分析与综合的范围；

③对各种空间形体分解与组合的运算程度。

按以上准则，数学教育专家于 20 世纪 80 年代提出学生空间想象能力应包括四个方面的要求。

- 对基本几何图形必须非常熟悉，能正确画图，并在头脑中分析基本图形的基本元素之间的度量及位置关系（从属、平行、垂直及基本的变化关系等）。
- 借助图形能反映并思考客观事物的空间形状及位置关系。
- 借助图形能反映并思考用语言或列式所表达的空间形状、位置的关系。
- 有熟练的识图能力。即从复杂的图形中区分出基本图形，并能分析其中的基本图形和基本元素之间的基本关系。

尽管这几个方面的能力都以正确的画图能力为基础，但画图能力并不单纯是空间想象能力，它与画图工具的使用及画图技巧的熟练程度有关。因此，提高空间想象能力需要重视画图能力的培养，但画图能力的高低不能看作空间想象能力的唯一标志。

根据上述四个方面的要求，在中小学阶段，学生的空间想象能力发展大致可以分为五级运算思维的智力水平。

- 依靠直观、形象逐步说出常见图形的名称、概念。
- 依靠图形，用数学计算规则平面的面积与多面体的面积和体积，这是对三维空间做量的运算阶段，具体形象性在运算思维中还占一定的优势。
- 掌握直线、平面，从点、线、面的分析与综合开始，逐步掌握相交线、平行线、三角形、四边形、相似形和圆的实质，进行平面几何的各种组合与分解的运算。
- 掌握多面体，在平面几何的基础上，逐步掌握三维空间的多面体图形，对空间直线与平面进行分析与综合，想象空间位置的关系，并加以组合与分解的运算。
- 掌握旋转体，理解圆柱、圆锥、圆台和球的空间位置关系，对其轴的位置、轴截面的形状和侧面展开图进行分析和综合，想象三维空间的旋转变化，并加以组合与分解的运算。

当然，空间想象能力还不局限于这五级水平，根据现代科学的要求，我们不仅要较多地引导学生思考平移、对称、旋转等关系，还要教他们学会抽象地思考点如何通过运动形成不同的曲线，以及曲面体的交截形状等（微积分）。

中小学数学教材中形的教学内容是很多的，从开始认识图形，学习计算规则图形的面积与体积，直到系统地学习几何。然而，数学的形体知识能否促进学生空间想象能力的发展呢？也未必！那些有经验的数学教师十分重视学生空间想象能力的培养，他们认为发展空间想象能力才是数学形体教学的着重点。

几何教学是发展学生空间想象能力的主要途径。

有些幼儿园与小学从教 10 以内的数起，就开始让儿童接触直线、线段及由线段可以组成的各种几何图形，通过让学生画一画、量一量等方法，使他们直观地认识一些常见图形，并引导他们根据已掌握的几何概念，从比较复杂的图形中判别三角形、四边形、正方形、长方形等。20 世纪 80 年代，我们一实验学校的学生经过一年的学习，空间想象能力有所提高。第一学期期末举行一次数学竞赛，其中有一道题是要求判断图 5-2 有几个三角形，一班 40 人中有 21 人能找出 6 个三角形。

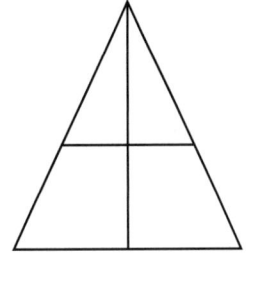

图 5-2

如何通过点、线、面、体的教学，培养学生思维中的空间观念，进而提高空间想象能力呢？

第一，要提高学生对空间思维的兴趣，利用趣味数学习题是一种方法，尤其是在小学高年级与初中阶段。例如用 6 根火柴棒拼 4 个三角形，不少学生在平面上苦思冥想，毫无办法。有的学生从平面到立体，通过想象完成了这道题（见图 5-3）。此类趣味数学习题既帮助学生学习了三角形概念，又激发了他们学习几何的兴趣，有助于其空间想象能力的发展。

第二，帮助学生寻找直观支柱。空间形体观念的建立，需要有直观基础，有直观工具做支持。除了直观教具与画图，还要让学生自己动手。在教立体几何时，可以先让学生用黏泥、小木棒搭图形。这并不是停留在直观上，忽视抽象，相反，它恰恰是在引导学生从直观到形象再到抽象，一步步地促进空间想象能力的发展，而不是满足于套公式、死记硬背，限于解答几道习题。

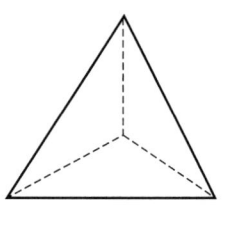

图 5-3

第三，加强作图能力的培养。在拟定作图题时，必须考虑作图题与设定条件。作图题是求作一个具备设定条件的图形的问题，那么问题有无结果，或确定或不确定，自然要看条件的选择是否得当。因此，设定条件不能漫无边际，应该注意：条件要彼此和谐，不能互相矛盾；条件要相互独立，务求个数最少，避免不独立、并立其间；条件的多少，要恰如其分。

不论是定位作图还是活位作图，任何作图题的内容不外两部分：一是设定部分，给出已知条件；二是求作部分，求适合条件的图形。作图的方法也较多，如轨迹交点法、游移切线法、三角形奠基法、合同变换与变位法等。对此，要引导学生在解作图题时按四个步骤进行。

- 分析。在正式作图前，首先必须寻求作图方法的线索。
- 作图。根据所得线索，按步设计作图的方法，其中作图动作的次序务须记载详明。
- 证明。作图之后，应逐条核验所得图形具有所要求的条件，用以检验作图是否正确。
- 推究。通盘考虑问题的种种可能情况，据以做出肯定性的判断结论。

作图能力的提高，不仅有助于提高空间想象能力，同时有助于提高逻辑推理能力。

第四，适当地设计、制作几何教具、模型，或进行实地测量，也是提高空间想象能力的较好方法之一。教师可按教学要求，有计划、有目的地让学生设计、制作一些直观几何教具和模型，或进行实地测量，通过动手、实践，运用公理，操作点、线、面、体，进行观察、解剖、分析和探索，探索几何图形与数量之间的关系，从而发展学生的空间想象能力。

三、数学学习与学生命题能力的发展

凡具有判断形式的句子，都是命题。例如"4是偶数""7不是14与15的公约数"等。因此，命题就是判断。人们每时每刻都在判断事物，做出这样或那样的命题。

概念、判断与推理组成了基本的思维形式。

概念所反映事物的实质是在判断中得到揭露的。判断是对象和现象或者它们的某些特征之间的联系的反映。判断就是关于某一事物是什么，肯定或否定对象或现象的某些特征之间的某些关系。我们说"闪电之后有雷鸣"，便肯定了"闪电"和"雷鸣"这两种自然现象在时间上有一定的联系。我们在揭露"石油"这个概念的实质时，就做出了关于石油的主要特征、各种石油的来源及其用途等许多判断。判断有肯定的或否定的，能判断一般的、特殊的或个别的，可以指出条件或原因，指明事物的必然性、可能性与偶然性。因此，人们的实践离不开判断这种思维形式，离不开判断能力或命题能力这样的智慧力量。

在数学中，一切算式都是命题的演算，如"$6 \neq 7$""4是偶数""$\triangle ABC$是等腰直角三角形"等，都是判断。数学揭示了数量之间、形体之间、数形之间的关系与联系，这些联系必然要通过判断形式表示出来。数学学习必须以命题能力为基础，同时向学生提出发展更高的命题能力的要求。因此，数学学习能促进学生命题能力的发展。

数学学习要求学生独立地做出判断，这种独立性取决于掌握关于必须判断的事物的知识，取决于独立判断的习惯和技能。正是这种判断的独立性，决定了一个人判断能力的高低。学生在数学学习中，正需要发展独立判断能力。在一堂数学课上，三年级学生正在费劲地演算着"$849 \times 876 -$

876×749",可是有个学生运用提公因式,从中提出"876",用"876"乘(849-749),迅速地得到答案"87600"。这个学生有超群的判断能力,数学教师必须予以重视。不得不承认,数学学习向学生提出了发展高标准的独立判断能力的要求。从"1+1=2"到"沙粒虽小,但是一个定量,不是无限小",从"3×3≠6"到"$y=\sqrt{x}+3\sqrt{-x}$是函数关系",这正是学生的判断能力层层突变的结果。有一位老教师让高中三年级学生求$(\sqrt{a}+\sqrt[4]{a})^{20}$展开式的常数项时,原先他想要学生通过计算来判定:

$$T_{n+1}=C_{20}^n(\sqrt[4]{a})^n(\sqrt{a})^{20-n}=C_{20}^n a^{\frac{n}{4}}\cdot a^{\frac{20-n}{2}},即\frac{n}{4}+\frac{20-n}{2}=0,n=40,是正$$

整数而且比20大,所以常数项不存在。但是一个学生不用计算,通过分析立即判断,他说$(\sqrt{a}+\sqrt[4]{a})^{20}$中不可能有常数项,因为二项式中前后两项$a$的指数都是正数,而展开式的每一项都是它们两项的乘方的积,即每项字母的指数都是正数,不可能为零,故常数项不存在。可见这个学生的判断能力很可贵,而培养学生的判断(命题)能力是十分必要的。

在数学教学中,教师要启发学生熟练地掌握"四种命题"结构的思想,要让学生直接掌握数学中肯定、否定、合取和析取命题的思想,并引导他们尽早独立地进行数学判断。也就是说,数学学习要求学生掌握命题结构的能力。这种能力的发展表现在原命题→逆命题→否命题→逆否命题四种命题的运算上(见图5-4)。

图5-4 四种命题的关系

对这四种命题结构的掌握,既反映了学生理解不同数学命题的抽象程度,又反映了他们思维过程中掌握思维方向的可逆性与守恒性,也反映了思维活动中的辩证关系。原命题与其他命题的关系，正是反映了"否定之否定"规律在学生运算能力上的表现。有人说，这种能力要到中学学习几何时才出现，其实，命题结构能力的掌握从小学一年级就开始了。为什么小学一年级学生解答反条件应用题时感到困难呢？原因是他们缺乏可逆性思维能力。有的小学一年级老师提倡学生死记各种"类型"，而不是灵活地掌握各种"类型"，不是灵活地掌握逆向性习题的性质，这不利于小学生命题能力的发展。

数学学习要求学生掌握命题形式。在数学教学内容中，总是先出现肯定的或否定的命题，接着就出现"而且"与"或者"的命题。例如让小学生判断"36 是 12 的倍数并且是 9 的倍数"；让初中生说出"a，b 两直线平行"和"a，b 两直线相交"不能同时都是真的，这显然是合取"$p \wedge q$"（p 而且 q）与析取"$p \vee q$"（p 或者 q 只限定一个）的命题形式。在这四种基本形式的基础上，教材中逐步出现了复合命题。例如，确定方程的根只有一个解、有多个解、有无穷多解或无解的可能性，这些方程就是复合"等价"命题的演算关系，最后要求学生按照运算法则确定命题的变形，如前面提到过的解方程和确定方程组的同解变形。数学教学中这些内容的出现，要求学生有相应的命题能力做基础，这就需要数学教师自觉地培养学生的命题能力，使他们能更好地确定简单命题，掌握和判断复合命题，并能够按照运算法则确定命题的变形。皮亚杰从数理逻辑出发，用群集和格，即 16 个二元命题运算来刻画儿童青少年思维结构的成熟。我在研究中看到，中学生命题演算的水平在不断提高，的确反映了他们逻辑思维发展的趋势。我只对命题的句法结构进行了研究，结果表明，中学生的命题能力是按照结构由简到繁的顺序发展的。

我们正是按照数学运算中独立判断的水平、对数学命题结构的认识、对数学命题的理解、对数学命题分解与组合的程度以及命题变形程度这五项指标，来衡量一个学生在运算中命题（判断）能力的高低的。

如何以数学判断的指标来培养数学命题能力呢？关键在于引导学生区分与确定各种命题的条件和结论之间的关系。

命题是由条件和结论两个部分组成的。这两个部分关系如何呢？前面说到"若 A，则 B"，如果有了条件 A，可以保证结论 B 的成立，这时条件 A 对于结论 B 是充分的；如果没有条件 A，势必不能有结论 B，这时条件 A 对于结论 B 是必要的。

在数学中，必须区分三种类型的条件。

- 充分而非必要的条件。原命题为真，而逆（或否）命题为假。例如：原命题"两个角是对顶角，则它们一定相等"（正确），逆命题"两个相等的角，一定是对顶角"（不正确），否命题"两个角不是对顶角，一定不相等"（不正确）。所以，"对顶角"是"相等"的充分条件，但不是必要条件。

- 必要而非充分的条件。原命题为假，而逆（或否）命题为真。例如，原命题"两个角相等，一定是对顶角"（不正确），逆命题"两个角是对顶角，一定是相等的"（正确），否命题"两个角不相等，一定不是对顶角"（正确）。所以"相等"是"对顶角"的必要条件，但不是充分条件。

- 充分且必要的条件。原命题和逆（或否）命题都为真。例如，"如果三角形的两边相等，则其对角相等"（正确），"如果三角形两角相等，则其对边也相等"（正确），所以等腰三角形的两腰相等与其对角相等互为充分且必要的条件。

每一个命题都要在一定的条件下才能成立。但学生对于一个结论成立的条件往往不加注意。如果他们不知道怎样去考虑条件的充分性与必要性，运算时往往会判断错误，这将影响他们命题能力的发展。因此，数学教学中必须引导学生自觉地区分和确定条件和结论之间的关系。

为了培养学生的命题能力，应当从小学算术阶段就开始，使学生逐渐养成精确地考虑条件的习惯。对下列问题的判断，对他们是有益的。

（1）1千克棉花和1千克铁，哪个重？为什么？2米皮筋和2米布，哪个长？为什么？

(2) 有 6 棵树苗,要种成 3 行,你认为可能吗?为什么?

(3) 末位数字为 0 的数,一定能够被 5 整除吗?被 5 整除的数,它的末位数字一定是 0 吗?

(4) 要求两个数的公倍数,是否只要把这两个数相乘就可以了呢?这样求得的是不是最小公倍数?为什么?

(5) 各位数字之和能被 3 整除的数,一定能够被 3 整除吗?能被 3 整除的数,它的各位数字之和是不是也能被 3 整除?如果各位数字之和不能被 3 整除,那么这个数能不能被 3 整除呢?

中学生也可以根据学习内容提出类似的问题,并做出正确的结论。

命题演算能力表现出如下几级水平。

- 第 I 级水平,能对带有全称量词的简单命题进行演算(当命题是肯定判断时,通常情况下省略全称量词),但不能理解命题演算过程中逻辑联结词的含义。也就是说,处于这一水平的学生,不能脱离命题的语义内容进行形式上的命题句法结构的演算,但能对带有特称量词的肯定简单命题进行演算,并能理解命题中量词的含义。

- 第 II 级水平,能进行简单命题的合并,即能够进行命题的合取($p \wedge q$)和析取($p \vee q$)演算;能对简单命题进行否定演算,这里的关键是能正确地将量词进行转换,将命题的主谓联项进行转换(即肯定与否定之间的转换)。

- 第 III 级水平,能进行复合命题的否定演算。复合命题是指带有量词和逻辑联结词(否定词、合取词、析取词、蕴含词和等价词)的命题。处于这一水平的学生不但能理解逻辑联结词的含义,而且能按命题演算的法则(如交换律、结合律、分配律和双重否定律等)进行正确的操作。

上述三级命题演算水平的发展顺序,不仅反映了中学生逻辑思维能力的水平由低到高、由简单到复杂的发展过程,而且反映了中学生运算思维能力从群集结构向格的结构的发展过程。中学生正是通过对越来越复杂的命题形式的演算来发展自己的逻辑思维能力，并使思维结构趋向成熟的。

四、数学学习与学生逻辑推理能力的发展

早晨起来，向外一看，院子里地湿了，花草也湿了，人们就会立即想到：昨夜下雨了。这种不是直接判断，而是通过"想一想"才推导出结论的过程，就叫推理。思维是对客观现实概括的、间接的反映，而逻辑推理正是这种间接的思维过程。推理是从两个或几个判断获得一个新判断的逻辑形式。任何一个新判断总是从几个其他的判断推导出来的，因此它是最高的基本思维形式。可以说，逻辑推理是思维的核心。前面已经说过，思维能力是智力的核心，那么逻辑推理能力则是核心的核心了。

人靠什么能力来解决问题呢？靠逻辑推理能力。难怪不少心理学家关于解决问题的思维能力研究都是以逻辑推理为依据的。所以说，逻辑推理能力就是解决问题的能力。人的一切活动都是以解决某个问题为出发点的，因此需要逻辑推理能力。

数学的特点是既存在于客观现实，又具有高度的抽象性、精确性、逻辑性和严密性，数学运算过程就是解决一个又一个问题的过程，它必须有逻辑推理能力做基础，同时，它又促进学生逻辑推理能力的发展。在数学运算中，学生的逻辑推理能力表现得十分丰富。确定一个学生逻辑推理能力的指标如下。

- 推理的步骤是直接的还是间接的。例如，要解决的问题，有的只要一步就能直接判断，有的却需要多步骤间接推断。后一种水平要比前一种水平高。
- 逻辑推理种类的完善程度。例如，演绎的三段论推理，需要有大前提、小前提和结论，缺少了就不完善了。
- 推理的范围。在算术范围内推理与在代数范围内推理当然是不同的。同样在算术领域，在整数范围内推理与在分数范围内推理，又是两级

不同的水平。越在抽象数范围内推理，水平就越高。能在"复数"范围内推理的水平，一般比只能在"有理数"范围内推理的水平高一些。

- 推理过程的正确性，即通过合理的推理能否得到合适的结论。
- 推理时所表现出来的特点，如概括性、自觉性和揭示本质的程度。在相似的运算中，学会对一道习题的推理，能概括、触类旁通或迁移的，其水平就高；能自觉地进行各种推理，比不能自觉主动地进行推理的水平高；通过推理能解决问题，一般比未解决问题的水平高。

按以上指标，可以看出学生在数学运算中的不同水平。

（一）直接推理与间接推理

中小学数学教学中，都要求学生从直接推理向间接推理发展。不过，其直接推理与间接推理的范围、抽象程度是不一样的。

小学应用题教学，一年级多为一步应用题，基本上属于直接推理。两步应用题，条件与问题不是直接联系着，多了一个步骤，这在智力活动中多了一个环节，就发展为间接推理。在三年级之后，应用题教学主要是逐步增加步骤。有人认为步骤多不一定就水平高。我看不然。思维是事物内在联系与关系的本质的反映，解答应用题，多一个步骤，就是多一层关系，就需要更高的推理能力。小学生在解答应用题时，随着步骤的增多，他们的解答水平不断提高，这进一步提高了他们的逻辑推理能力。

中学生的直接推理与间接推理都是在抽象的代数与几何范围内进行的，大致分为四级。

- 直接推理，套上公式，对上条件，直接得出结论。
- 间接推理，不能直接套公式，需要变化条件，寻找依据，多步骤地得出结论。
- 迂回推理，分析前提，提出假设后进行反复验证，才得出结论。
- 按照一定数理格式进行综合推理，处于这级水平的学生，他们的推理过程逐步简练和合理化。例如，做一步题，已看出数步，形成格式化。

(二) 综合法与分析法

逻辑推理中,思维方法按思路的顺逆有综合法与分析法,这是中小学数学教学中较常见的两种方法。

1. 综合法

综合法就是思考问题时,从假设出发,通过一系列已确定的命题,逐步向前推导,结果或是导出前所未知的命题,或是解决了当前的问题。简而言之,综合法就是由因导果,从已知条件出发进行分析而得出结论。

例如,要证明定理"若 A,则 D",用综合法思考时,其思路如图 5-5 所示。

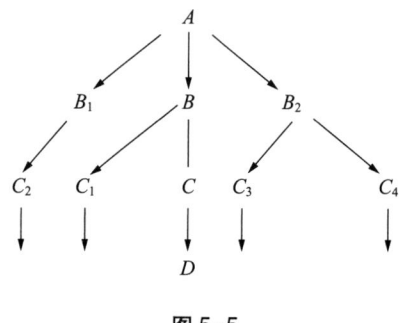

图 5-5

综合法由因导果,从条件到结论,所以从 A 往下求,观察可以到达 D 的思路。但由 A 所生的果可能不止 1 个,假设 B,B_1,B_2 都是,而它们又各有其果,设 B 生 C 及 C_1,B_1 生 C_2,B_2 生 C_3 及 C_4。这些 C 中有能生 D 的,有不能生 D 的,设 C 可生 D。思考到此,便得到"$A \Rightarrow B \Rightarrow C \Rightarrow D$"这条推理的思路了。

2. 分析法

要推出一个命题是正确的,思考时也可以由结论回溯。也就是说,从命题的论断出发,追究它成立的原因,再就这些原因分别思考,看它们的成立又各需要具备什么条件,如此逐步往前追究,渐渐达到已知的事实为止,这种思考方法就叫作分析法。简单地说,就是执果索因,从论断出发进行分析而看需要什么条件。例如,要证明定理"若 A,则 D",用分析法思索时,其思路如图 5-6 所示。

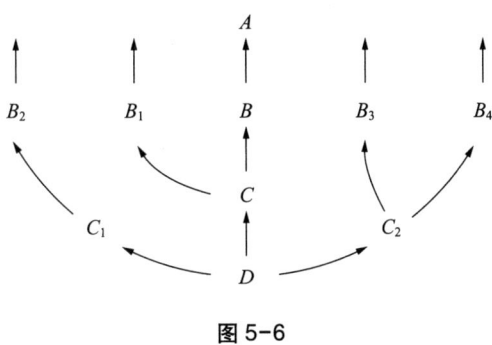

图 5-6

分析法是执果索因,所以要从 D 往上追,以求其原因。那么由什么可以推得 D 呢?假设 C,C_1,C_2 都可能。什么能生 C? 设 B,B_1 均可能。什么能生 C_1? 设 B_2 可能。什么能生 C_2? 设 B_3,B_4 均可能。这一切原因固然都可以生 D,但究竟哪个是 A 的结果呢?检查之后,发现 B 是。就是说,由已知的 D 往上追到未知的 A,因而我们得到了证明的思路:"$D \Rightarrow C \Rightarrow B \Rightarrow A$"。

实际上,综合法、分析法是紧密结合进行的。无论采用哪种方法,都是进行综合、分析的思维过程。从条件推向问题时,要随时注意所求的问题;从问题出发进行推导时,又要随时照顾已知的条件,不能脱离条件。这本身既有综合,又有分析,两者不能截然分开。

例如:

一个村里,种棉花 30 公顷,种小麦的公顷数是棉花的 $4\frac{1}{2}$ 倍,棉花、小麦的公顷数共占总公顷数的 75%,种水稻的公顷数又占总公顷数的 $\frac{1}{4}$,种水稻多少公顷?

综合法:从已知条件出发,知道棉花是 30 公顷,小麦公顷数是棉花的 $4\frac{1}{2}$ 倍,则小麦的公顷数为 $30 \times 4\frac{1}{2} = 135$(公顷);棉花、小麦的公顷数共占总公顷数的 75%,那么总公顷数是 $(30+135) \div 75\% = 220$(公顷);种水稻的公顷数又占总公顷数的 $\frac{1}{4}$，那么水稻的公顷数就是 $220 \times \frac{1}{4} = 55$（公顷）。

分析法：从所求出发，经过分析可以把它分成三个简单的问题——①水稻占总公顷数的 $\frac{1}{4}$，要求出水稻有多少公顷，就需要知道总公顷数；②棉花、小麦的公顷数共占总公顷数的 75%，要求出总公顷数，就需要知道棉花、小麦总共有多少公顷；③小麦公顷数是棉花的 $4\frac{1}{2}$ 倍，要求出棉花、小麦共有多少公顷，就需要知道棉花的公顷数。棉花 30 公顷是已知条件，返回来从已知条件出发，逐步解决这三个问题，得到水稻为 55 公顷。

上述过程就体现了综合法中有分析，分析法中有综合。教学中，教师应当引导学生把综合法、分析法结合起来使用，使他们养成有根据、有条理、循序渐进的思维习惯。

（三）归纳推理与演绎推理

按个别、特殊与一般的关系，逻辑推理分归纳推理与演绎推理。中小学数学教学中较普遍地运用这两种推理方法。

1. 归纳推理

由一些特殊事理的成立而推导出普通事理也成立，即由特殊到一般的推理，叫作归纳推理或归纳法。在数学教学中，常见的归纳法有普通归纳法和枚举归纳法两种。

（1）普通归纳法。

例如，小学"分数性质"一节，一般要讲 2 节课。但运用普通归纳法，只要花半节课就可使学生掌握分数性质。有位教师是这么上的。

黑板上写着" $\frac{1}{4}$ "。

教师提问：" $\frac{1}{4}$ 的值是多少？"

答："0.25。"

接着让学生计算：$\frac{1\times2}{4\times2}=0.25$，$\frac{1\times3}{4\times3}=0.25$，$\frac{1\times5}{4\times5}=0.25$……

教师提问："从中你们看到了什么？"

学生回答："分子、分母同乘一个数，分数的大小不变。"

教师在黑板上又写：$\frac{1\times0}{4\times0}=?$

那个回答的学生马上更正："分子、分母同乘一个不等于0的数，分数的大小不变。"

以同样的方法，学生又回答出："分子、分母同除以一个不等于0的数，分数的大小不变。"

这位教师又让学生进一步归纳推理，在上述两个性质的基础上归纳出"分数的分子、分母扩大或缩小同样的倍数（0除外），分数的大小不变"的结论。

接着，这位教师在课堂上让学生做练习巩固知识，又当场批改练习题。这一过程几乎使全班学生都掌握了分数性质，更主要的是教给了学生思维的方法，使他们明白了归纳推理的过程。

（2）枚举归纳法。

如果对于一种要研究的事理，能够把它可能存在的一切情况都思考遍了，那么从这一般推理得出的答案，便是正确的。这种推理方法叫作枚举归纳法。枚举归纳法在数学中经常要用到，它可使学生在考虑问题时养成周到细致的习惯。因此，让学生掌握枚举归纳法对发展他们的智力非常重要。

一个定理，如果假设事项的性质或相互关系发生变化，而证明的理由也随之有所不同，那么，这时就应该使用枚举归纳法去证明。具体的做法是分别假设事项各种可能的情况，一一加以证明，等各种情况都已证完，然后得出断言：命题普遍成立。

例如：

求证：若四边形一对对边的平方和等于另一对对边的平方和，则两对角线互相垂直。

题设：在四边形 $ABCD$ 中，$AB^2+CD^2=AD^2+BC^2$。

结论：$AC \perp BD$。

证明：四边形分平面四边形和空间四边形，平面四边形又分凸四边形和凹四边形。按照这三种情况，一一分别考察（见图5-7）。

（详细证明从略）

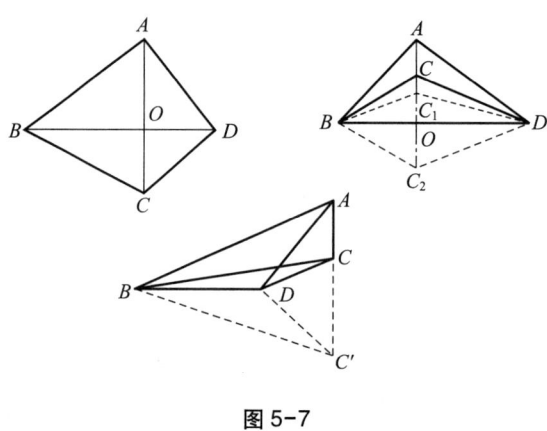

图 5-7

三种情况都成立，故得出命题普遍成立。

2. 演绎推理

演绎推理是从一般到特殊的推理，通常运用的是三段论法。三段论法是由三个判断组成，其中的两个判断做前提，一个判断做结论。第一个前提是一般性事理，叫作大前提；第二个前提是特殊事理，叫作小前提；最后根据这两个前提做出判断，叫作结论。

例如，在比例里，两个内项的积等于两个外项的积（大前提）。

∵ 50∶300 与 2∶12 成比例（小前提）。

∴ 300×2＝50×12（结论）。

又如，为了确定两个三角形全等，只要证明这两个三角形中有两条边与一个夹角对应相等（小前提），就符合判定全等三角形的定理"边角边"（大前提），于是可以得出求证的两个三角形全等（结论）。

中小学数学教学中，学生根据已学到的定义、法则、性质、公式、定理等，去解决一个个具体问题，这种过程都是演绎推理。当然，演绎推理往往不能只套公式了事，通常包含若干步，每步分析起来无不具有三段论的形式。所以用演绎推理证明一个命题，它的过程实际上就是一串前后连贯的三段论推理，是一个间接多步骤的推理过程。为使证明过程的叙述简化，我们常常把各步推理（三段论法）的两个前提略去一个（多半是大前提），甚至仅写下结论。

（四）类比推理与对比推理

比较，就是在我们的思维中确定这一事物与另一事物的相同点和不同点的方法。"有比较才能有鉴别"，就是强调比较的意义。

比较的过程是有条件的：一是彼此之间确实有联系的对象才可以做比较；二是要以本质的或有实践意义的特征并在同一标准下做比较。

在数学教学中，运用比较这一逻辑推理方法，可以促使学生积极思考问题，又自觉主动地获取知识，进而提高思维能力。这种逻辑推理方法，按比较的性质，可以分为类比推理与对比推理。

1. 类比推理

类比推理是一种从特殊到特殊的推理，是比较两个具有一些相同的（或相似的）属性的对象，因而推出它们的某些其他属性也相同（或相似）的一种推理形式。中小学数学教学中往往用类比推理找出知识之间的联系，建立起新的科学概念的系统。例如，小学数学中，由"被除数和除数扩大或缩小同样的倍数（0除外），比值不变"的判断，类比推出"比的前项和后项扩大或缩小同样的倍数（0除外），比值不变"，以及"分数的分子、分母扩大或缩小同样的倍数（0除外），分数的大小不变"的判断。

2. 对比推理

对比推理是比较两个或两个以上具有不同的（或差异的）属性的对象，从而推出新的结论。这个结论，就其判断性质而言，可能与前提相仿，也可能比前提更趋于一般性，所以对比推理是从特殊到特殊或从特殊到一般同时存在的推理形式。中小学数学教学中往往通过对比找出数学命题之间的区别，建立起确切的科学概念系统。对于容易混淆的概念、定义、定理、公式和法则，就得用对比推理进行分析讲解。例如，给小学生讲正、反比例的意义和性质时，可以引导学生理解"正"与"反"的关系。离开"反"，失去了判断"正"的根据；离开"正"，判断"反"同样就没有根据了。又如，各种多面体与旋转体的公式，正是通过对比推理才能区分出其差异之点，掌握各形体的实质。

以上说明了各种运算思维过程中的逻辑推理的内容及相应能力的培养。我们在解决一个数学实际问题时，思维活动是十分复杂的，上述逻辑推理能力之间彼此互相联系，不能截然分开；它们既无从属关系，又不是孤立存在的，在每一个运算思维过程中，它们（或一部分）都经常交织地渗透在里面，融合为一个整体。学生获得这些推理能力，就能使运算思维逐步简练与合理化，逐步抽象与"内化"，使逻辑思维的抽象性、精确性和严密性逐步提高。

因此，教师应该有计划、有目的地根据具体的数学教材与教学内容，选择一定的、合适的推理方法加以教学，使学生在数学学习过程中，从不自觉到自觉，逐步掌握推理方法，以发展逻辑思维能力。

第六章　运算中学生智力品质的差异及其培养

如第一章所说，思维的智力品质是思维活动中智力特点在个体身上的表现。在一定程度上，它是区别智力超常、正常和低常的一种重要指标。

在学生的生活中，特别是在入学后，教学要求他们的智力活动具有一定水平的目的性、方向性、确定性和批判性，要求他们的智力活动具有一定的速度、灵活程度、广度、深度和批判程度，也要求他们的独立思考能力迅速发展。

在运算中，学生智力品质的发展趋势具有哪些特点呢？

第一，一般说来，运算中学生智力品质的差异明显存在，并随着年龄的增长、年级的增高而表现得更加明显。以敏捷性（速度）为例，表6-1是我得到的7个年级组的学生在一次平均40～45分钟的数学测验中完成第一遍计算所花时间的统计结果。

表6-1　不同年级运算速度的标准差

年级	三年级	五年级	七年级	八年级	九年级	高一	高二
标准差 SD	6.90	9.70	10.04	12.91	13.01	13.56	13.60

可以发现，不同年龄（年级）学生在数学运算中的敏捷性有显著差异，这种差异（包括同一年级组内的离差）具有一定的年龄特征，年级越高，差异越大。到九年级或高一以后，这一差异乃至整个智力品质的差异逐渐趋向稳定。

第二，儿童从出生至青年初期心理或智力的成熟，直观形象的智力成分越来越少，逻辑抽象的智力成分越来越多，抽象逻辑的自觉性也随之逐步发展。在运算过程中，小学低年级学生可以解决某些问题，但却不能说出是如何思考和解决的；到小学三、四年级之后，随着内部言语的发展，他们开始较自觉地调节、检查和讨论自己的思考过程，并能说出解决某种问题的思考过程。由此可见，思维的深刻性及批判性的智力品质正逐步决定着整个智力品质的发展。

第三，运算过程的复杂性也表现出智力品质的多样性，同一年龄的学生对不同类型的数学习题进行演算，其思维品质可能表现出不同的水平。以深刻性（抽象程度）为例，小学四年级学生可以离开具体事物对整数运算进行抽象思考，但是他们对分数的理解仍然需要一些直观教具的支持。

第四，在运算中表现出的智力品质水平取决于教育。数学学习需要以各种智力品质的发展为基础，同时又促进智力品质的发展。数学教师利用教学中良好的方法与途径培养学生的智力品质十分重要。我用下面三个研究结果加以说明。

例1：20世纪80年代，一位实验班教师采取一定的教学措施，从培养小学生的智力品质入手，不仅用3年时间出色地、高质量地完成了4年的教学任务，而且学生思维的智力品质也发生了显著变化。

例2：20世纪90年代初，北京和上海一批中学数学实验点，加强实验班学生的数学品质训练，使所有实验班学生数学能力的各项指标均超过对照班。

例3：21世纪初，美国圣约翰大学周正等人在《认知发展》（*Cognitive Development*）杂志上发表的一篇文章指出，她使用其智力（认知）发展量表，对我们坚持训练学生思维品质的一个实验点——天津市静海县（今静海区）一所偏僻的农村小学，以及北京市一所名牌小学和美国一所城市小学共三所学校进行比较研究，结果发现天津市静海县农村小学的被试成绩最好。结论是：思维品质训练的确是发展儿童青少年智力的突破口，且训练时间越长，效果越明显。

运算中学生的智力品质很多，按第一章的阐述，应该着重培养学生思维的深刻性、灵活性、创造性、批判性和敏捷性这五个智力品质。

一、运算中学生思维的深刻性及其培养

思维深刻性,又称为逻辑性,它是思维过程或智力活动的抽象概括程度,它反映了智力善于抽象概括,善于抓住事物的规律和本质,开展系统的理性活动。数学本身是一门逻辑性很强的学科,数学教学不仅要求学生的智力具有深刻性,即以逻辑性为基础,而且要求促进他们智力品质的深刻性,即逻辑性的发展。

第五章谈了运算思维能力,这些思维能力的个体差异实际上也是学生数学运算中智力品质抽象程度的个体差异。智力低常的学生,在运算中离不开直观或形象,他们是依靠掰手指头来运算的,离开了手指头,运算也就此终止,可见他们在运算中的抽象程度是很低的,逻辑性(即深刻性)极差。相反,智力超常的学生,在数学学习中往往善于透过现象抓本质,刻苦地钻研难题,解答抽象的习题,热衷于逻辑推理,其智力品质的深刻性是十分明显的。在这里,给大家介绍"爱因斯坦做代数题"的故事。

爱因斯坦读中学时,有一次生病住院了。一个朋友给他出了一道数学题,让他在病中消遣。

当一个钟的分针和时针准确地指示着某个时刻时,如果把分针变为时针,时针变为分针,一般来说便不能准确地指示一个时刻了。例如:3点30分时,时针指在3和4的正中间,分针正指着6。如果把分针和时针互换,则应是时针正指着6,分针指在3与4的正中间,很明显这就不能准确地指示一个时刻:如果说它是6点整,那么分针应指着12才对;如果说它是6点17分30秒,则时针应指着6与7之间的某处才对。然而有时候,时针与分针的位置可以互换,且仍能正确地指示某个时刻,例如当时针与分针重合时。请问,除两针重合时外,这种情况共有多少,各是在什么时刻?

这是一道逻辑性较强、需要复杂推理的代数题。但是他的朋友话音刚

落，爱因斯坦已思考完毕，拿纸笔列式，并马上算出答案。他的答案是这样的。

将钟面分成 60 格（即每分钟刻度为 1 格），当时针与分针在 0 点重合时开始观察，可以看出时针每走 1 格，分针走 12 格；时针走 5 格（即 1 个小时），分针走 60 格（即 1 圈）。设 x 为时针走的格数，设 a 为分针走的整圈数，y 为分针扣除整圈绕行次数后从 0 计时起的格数，则有：

$$12x = 60a + y。（显然，y<60） \quad ①$$

设分针在时针的前面，时针再继续走至分针的位置，此时分针共绕行了 b 圈后到了时针的位置，则有：

$$12y = 60b + x。（显然，b>a） \quad ②$$

由①式得 $y = 12x - 60a$，代入②式得 $12(12x - 60a) = 60b + x$。解出：

$$x = \frac{720}{143}a + \frac{60}{143}b。 \quad ③$$

a 和 b 是分针绕行的圈数，必然是 0 或正整数。又因为当 $a = 12$ 时，时针又回到 0 点，所以

$$12 > b > a。 \quad ④$$

可见，此题的解不是唯一的，而是一组解。这一组解是什么呢？据④式，可列表 6-2。

表 6-2

b 可取的值	a 对应可取的值
0	
1	0
2	0, 1
3	0, 1, 2
4	0, 1, 2, 3
5	0, 1, 2, 3, 4
6	0, 1, 2, 3, 4, 5
7	0, 1, 2, 3, 4, 5, 6
8	0, 1, 2, 3, 4, 5, 6, 7

续表

b 可取的值	a 对应可取的值
9	0, 1, 2, 3, 4, 5, 6, 7, 8
10	0, 1, 2, 3, 4, 5, 6, 7, 8, 9
11	0, 1, 2, 3, 4, 5, 6, 7, 8, 9, 10

这样，总共有 $(11+1) \times 11 \div 2 = 66$ 个答案。

每次取 a 和 b 的一对对应值代入③式，求得 x，就可以求出两针互换前后所代表的两次时刻。如当 $b=6$，$a=3$ 时，时针在 $x = \frac{720}{143}a + \frac{60}{143}b = \frac{720}{143} \times 3 + \frac{60}{143} \times 6 \approx 17.622377$（格）。这里 x 指的是时针所走的格数，要化成相应的时间，先将上述结果用 5 除，所得整数商部分表示时数，余数乘 12 就得到分数，所以所求时间约为 3 点 31 分 28 秒。

当时针与分针对调后，时针在 $y = 12x - 60a = 12 \times 17.622377 - 60 \times 3 = 31.468524$（格）。按前面计算时数和分数的方法，可知此刻的时间约为 6 点 17 分 37 秒。即当 3 点 31 分 28 秒时将时针与分针对调后，指出的时间为 6 点 17 分 37 秒。

上述的一组答案，是在 $b>a$ 的情况下求得的。要是 $b=a$，则可求得 $x=y$，即时针和分针两针重合。那么，在时针绕钟面一周的过程中，两针重合的情况有几次呢？不要简单地回答是 12 次，请你想想到底是几次，为什么？

另外，当 $b<a$ 时，又是什么情况呢？显然也可以求出一组数值。

对于如此复杂的一道代数习题，爱因斯坦竟能迅速给出解法，而且解答得有条有理，这说明爱因斯坦具有优异的概括能力与逻辑推理能力，说明他的逻辑抽象性深刻。由此我想到，培养学生运算中思维的深刻性，可以在数学概括和推理上下功夫。如前所述，数学思维的深刻性，是学生对具体数学材料进行概括，对具体数量关系和空间形式进行抽象，以及在推理过程中思考广度、深度、难度和严谨性水平的集中反映。换句话说，一个数学思维深刻性水平高的学生，在数学活动中能够较全面、深入、准确、细致地思考问题，善于抓住事物的本质、规律和内在联系，善于抽象概括、分类和推理，知识与技能系统化水平高，解答问题的力度大。所有这些，为我们提供了训练学生数学思维深刻性的措施。

运算中学生思维的深刻性从何而来呢？除了知识基础之外，主要就是靠训练。

1. 小学生数学思维深刻性的培养

在小学阶段，教师应从低、中年级就开始培养学生的思维从直接推理向间接推理过渡，从而提高抽象概括程度与逻辑性。

我们的实验研究表明，教师启发学生按"假设"去推断算术题；学会在运算中找"标准量"，每一个数学系统中都有一个中心，一个主要矛盾，即"标准量"；引导学生在解应用题时逐步扩大"步数"，在多步骤关系中，学习推导、解答复杂的应用题。在我们的实验点，经过三年的训练，实验班学生思维的深刻性得到了显著的提高。在全学区的一次教学质量检查中，试题的难度大，逻辑性强，要求间接推理的题目多，目的不仅在于检查学生的数学知识水平，还包括检查学生的逻辑推理能力。检查结果是，实验班在全学区同年级 49 个班里获得第一名，平均成绩为 89.8 分，而获第二名的班平均成绩才 79 分（第一、二名的差异检验，$p<0.01$，差异显著），全学区平均成绩只有 61.3 分（与实验班之间的差异更显著）。全学区有 953 名三年级学生，获满分的仅有 42 名，而实验班学生竟占了 1/4。

由此可见，思维的深刻性在小学阶段就应该培养，只要措施合理，就能有效地提高小学生的逻辑抽象成分在思维中的比重，其抽象程度也能得到较迅速的提高。

2. 中学生数学思维深刻性的培养

中学数学难度增大，教材的逻辑性也更强，如何在教学中培养中学生数学思维的深刻性呢？我在 20 世纪 80 年代研究过吉林市数学特级教师贾万里先生的经验。

贾老师在讲解定义时，不仅注意讲解的深刻性，而且让学生参加结论的探索活动。开始时，师生一起得出结论，而后逐步过渡到让学生自己独立地得出结论。例如，在讲解椭圆定义时，先教学生画几个椭圆，在对比圆的定义之后，找出椭圆概念中最关键的部分，即"一个动点到两个定点的距离和是常数"，再由学生根据画法归纳出定义。有此基础，到定义双曲线时，则可完全由学生自己来完成。对不同类型的定义进行多次训练，有效地提高了学生的抽象概括能力。

贾老师在讲解公式时，认为学生仅仅能够理解公式、记住公式、运用公式是不够的。应该让学生参与整个推理过程，即从分析条件出发，进行推导，一直到得出公式和分析公式的内部结构，从而提高智力的抽象程度。

为了提高学生思维深刻性的水平，又照顾学生的可接受性，他大体上分三个阶段来训练学生：第一，教师指出证明的方向，讲清难点，证完后再回头指出证明的重要思路，就各种量之间的制约关系提问；第二，只给出条件和结论，证明过程由学生自行完成；第三，只给出条件，让学生猜想结论，然后再加以证明，以检验猜想是否正确。这样，学生智力活动的抽象性逐步提高，逻辑性逐步增强，智力品质的深刻性也越来越强。

二、运算中学生思维的灵活性及其培养

思维的灵活性，是指智力活动的灵活程度，也就是我们平时常说的所谓"机灵"。灵活性是创造力的基础，任何创造发明都离不开人的"机灵"。在数学运算中，它是不可缺少的智力基础。因此，对灵活性的研究，显得十分必要。如前所述，数学思维的灵活性，是学生在数学思维活动中，思考的方向、过程与思维技巧的即时转换科学性水平的集中反映。一个数学思维灵活性水平高的学生，思维流畅，富于联想，掌握较丰富的数学思维技巧，具备求异思维与求同思维兼容的、富有目标跟踪能力的特征，善于

机智灵活地进行正向与逆向、横向与纵向、扩张与压缩的变换，解答方法的选择合理恰当。

近半个世纪以来，心理学家对研究思维的灵活性产生了强烈的兴趣。这一兴趣导致了有关创造力性质的理论和实验的发展。这项研究的发起人，主要是美国心理学家吉尔福特。他于1969年在斯坦福大学所发表的一次演讲中，把思维分为辐合思维（或聚合思维、集中思维）和发散思维（或分散思维）两种。发散思维，可使人的思维趋于灵活，正如这个词的含义一样，应看作一种推测、想象和创造的思维过程。这种思维过程来自这样一种假设：处理一个问题有好几种正确的方法。创造力可能更多地与发散思维联系在一起，因此教师应对学生的发散思维加强引导，鼓励他们寻求更多的答案。他还指出，目前大部分课堂教学都与辐合思维有关，学生不是用发散思维灵活地取得好成绩，而是以死板的、重复的思路去获得高分数。按部就班、死记公式、盲目地多做题，都出自这类辐合思维。国外实验研究表明，即使智商高的学生，接受集中教学，其最后的学习结果，尤其是创造力，也往往落后于接受发散教学的智商中等的学生。

对此，我有些不同的看法。如前所述，辐合思维主要是强调一解，而发散思维则强调多解。一个完整的思维活动，一解是多解的基础，多解是一解的发展，有了多解就得求最佳解，这又回到了"集中"。应该指出，发散思维和辐合思维都是人类思维的重要形式，都是创造性思维不可或缺的前提，是数学能力不能少的基础，一个也不能忽视。在第三章，我已对吉尔福特的这些思想做了评价，这里不再赘述。当然，这里我在谈运算中思维的灵活性，在谈数学中的一题多解。从这个意义上说，辐合思维固然需要培养，但发展发散思维对于提高学习成绩和发展智力都显示出了更重要的作用。

发散思维之所以能发展智力，其重要的一个原因是能提高思维品质的灵活性。例如，对于"$1 = ?$"经过发散思维，可以获得大量答案。

$$1=?\begin{cases} 1+0=1 \text{（用加法运算）} \\ 100-99=1 \text{（用减法运算）} \\ 1\times1=1 \text{（用乘法运算）} \\ 20\div20=1 \text{（用除法运算）} \\ \dfrac{2}{3}+\dfrac{1}{3}=1 \text{（想到了整体1）} \\ 1^n=1 \text{（想到了乘方）} \\ \sin^2 x+\cos^2 x=1 \text{（想到了正弦和余弦）} \\ \tan\alpha\cdot\cot\alpha=1 \text{（想到了正切和余切）} \\ \log_a a=1 \text{（对数的运算）} \\ 0!=1,\ 1!=1 \text{（运用阶乘定义）} \\ \cdots\cdots \end{cases}$$

从"1=?"一题的发散过程中我们看到了发散思维的几个特点。

- 多端。对一个问题，可以多开端，产生许多联想，获得各种各样的结论。简单的"1=?"这个问题，可以获得十类以上的答案，这就使思维的面更广阔。发展发散思维，需以丰富的知识为依据，只有具备大量的知识，才能从事物的不同方面和不同联系上去考虑问题，从而避免片面性和狭隘性。

- 伸缩。对一个问题的看法能根据客观情况的变化而变化，也就是说，能根据所发现的新事实及时修改原来的想法。乍一接触"1=?"这个问题，首先想到的"1"是自然数的第一个，如果一钻牛角尖，"1"就是1嘛，还有什么答案呢？但通过发散思维，伸缩性就很强，可以想到加、减、乘、除、乘方、开方、指数、对数……灵活性就大了。

- 精细。"1"在数学中的用处太大了，要发散地去思考"1"，就得全面细致地考虑问题，不但要考虑问题的整体，而且要考虑问题的细节；不但要考虑问题本身，而且要考虑与问题有关的其他条件。

- 新颖。如果让一组学生同时发散地思考"1=?"，那么各人有各人的特点，答案就各不相同，新颖、独特，难怪国外的心理学家往往把发散思维与创造力联系在一起。

由此可见，思维中发散越广，表现就越灵活。运算中注重学生思维的发散性，有助于其思维灵活性水平的提高。

在数学运算中，灵活性表现为：运算起点灵活，从不同角度，用多种方法来推算各类数学习题；运算过程灵活，对数学概念、定理、法则能运用自如；运算中能举一反三、触类旁通；演算效率较高。

智力超常的学生或数学尖子生，其智力活动普遍比较灵活。我们当年在一所十年一贯制学校搞数学竞赛，优胜者完成多解、发散式试题的平均成绩为85分，一般学生却不满35分。而15名智力低常学生思维呆板，在运算中从未发现其思维有什么灵活的特点。

数学学习中需要有一题多解、同解变形和恒等变形的运算能力，这些就是运算中思维灵活性的表现，也正是灵活性的要求。在数学教学中培养思维的灵活性，往往就是从培养一题多解能力入手的。一题多解既是我国数学教学的传统方法，又是培养思维灵活性的一种好方法，它的要求与吉尔福特提出的发散思维要求相一致，"多解"就是"发散"。因此，一题多解应该在数学教学中发扬光大。一题多解，还有利于学生举一反三，达到解题训练的效益最大化，这比盲目多做题的效果要好得多，也有利于减轻学生的学习负担。

一题多解，是数学习题的一种重要特征。例如，1979年全国高考理科数学试题共有10道题，难度最大的一道题是：

设等腰三角形 OAB 的顶角 $\angle AOB = 2\theta$，如图 6-1 所示，x 轴平分 $\angle AOB$，底边 AB 上的高为 h.

(1) 在 $\triangle OAB$ 内有一动点 P，这点到三边 OA，OB，AB 的距离分别为 $|PD|$，$|PF|$，$|PE|$，并且满足关系式 $|PD| \cdot |PF| = |PE|^2$，求 P 点的轨迹.

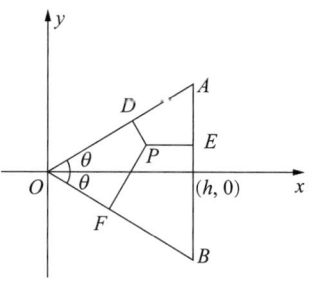

图 6-1　智力结构成分模型

(2) 在上述轨迹中定出点 P 的坐标，使得 $|PD| + |PE| = |PF|$.

有些考生看见题中 $|PD|$，$|PF|$，$|PE|$ 分别是 P 点到 OA，OB，AB 的距

离，容易想到用解析几何中的"点到直线的距离公式"去做。这种思路是正确的。是不是还有其他解法呢？是的。有人已经探索出 10 多种解法（古一术，1980）。如果高中毕业生对类似的数学习题都能进行"一题多解"，那么他们的思维灵活性水平就是相当高的。

多解习题在数学习题中相当普遍。例如：

一道平平常常的代数题："火车在途中耽搁 6 分钟，又在 20 公里的一段路程内用比火车时刻表规定的速度每小时增加 16 公里的速度行驶，因此不至于误点。按火车时刻表，火车在这段距离内的速度是多少？"其解法竟达到十五六种之多。

一道普普通通的平面几何题："证明直角三角形斜边的中点与三个顶点的距离相等。"它至少有 10 多种证明方法。

一道简简单单的三角解方程 $\sin x + \cos x = 1$，也有近 10 种解法。

如果我们经常引导学生从多种解法中找出规律，举一反三，其智力灵活程度不就大大提高了吗？

前面提到，我们的一题多解方法与国外心理学中的发散思维是一致的，只是我们在强调"多解"时又重视其前提——"一解"。同时，我们必须指出，加强一题多解的研究，不仅对于提高中小学数学教学质量有意义，而且对于思维的灵活性理论与实践的探讨也有重要价值。

一题多解是培养学生思维灵活性的好办法，因此教师必须从小培养学生的这种能力。研究表明，实验班教师从儿童刚一入学起，就通过一题多解启发学生比较、区分异同点，找出规律性的方法，到二、三年级之后，实验班的学生在一题多解能力方面与同年级其他班学生的差异越来越大。我们曾测验某个年级的学生一题多解的能力，其中有一道题："'甲班有少先队员 30 名，乙班有 15 名'……请根据这两个条件添加问题，要求越多越好，越难越好。"测验结果是，实验班平均成绩为 92.5 分，对照班平均成绩为 78.3 分；实验班平均添加了 9.4 个问题，有的学生竟添了 23 个，可是对照班平均添了 6.5 个，很少有人超过 10 个（班与班之间的差异检验，$p<0.01$，差距显著）。可见，在数学教学中只要注意从小就抓学生一题

多解能力的训练，使学生适应多变的习题，就能促使他们思考问题时进行迁移，促进其思维灵活性水平的显著提高。

三、运算中学生思维的创造性及其培养

思维的创造性，又叫独创性，为了阐述方便，我们可以把它与"创造力""创造性思维"，甚至"创新"视为同义语，主要指智力活动的独创程度。因为有第三章"智力与创造力"的论述，我在这里可省下很多笔墨，不必赘述相关问题。如前所述，获得任何科学发现与发明的一个重要原因是思维的创造性。数学运算中的独创性问题，主要涉及数学学习的创造性或创新能力在学生个体身上的表现。解题能力的高低取决于解题者的创造程度。

有不少心理学家把思维创造性的智力品质看作学习必不可少的心理因素或条件。如前所述，从创造性的程度来说，学习可能是重复性的或创造性的。重复性的学习，就是死守书本，不知变通，人云亦云。创造性的学习，就是不拘泥，不守旧，打破框框，敢于创新。一个人的学习是重复性的还是创造性的，往往与他的智力水平高低有直接关系，它是反映智力水平的重要指标。学习贵在创新。有人认为学习只是接受前人的知识，学习书本上的知识，不是发明创造，根本谈不上什么创新。我认为，学习固然不同于科学家的研究，但也要求人们敢于除旧，敢于布新，尤其是数学学习。

据说德国数学家高斯小时候，计算 $1+2+3+\cdots+100$，他排除了按部就班、机械相加的"笨"方法，利用 $1+100=101$，$2+99=101$，…，$49+52=101$，$50+51=101$，把不同数求和问题转化成了 50 个 101 相加，很快就算出结果为 5050。正因为高斯很注意创造性的学习，他在中学时便发现了某些数学公式，后来成了举世闻名的数学家。

在数学教学中，怎样培养小学生思维创造性的智力品质呢？我们的实验班教师是这样做的：首先，培养学生独立思考的习惯，把独立思考作为低年

级学生的学习"常规"加以训练；其次，引导学生自编习题，特别是自编应用题，以此启发学生突破独立作业的难点，进一步理解数量间的相互关系；最后，提倡"创造性"，在运算中让学生去挖掘各种方法，并以学生姓名来命名，如"××运算法""×××解题法"，以资肯定与鼓励。到三年级时，不少实验班学生在独立思考能力方面，与同年级其他班学生有了越来越明显的差异。我们曾测验一个实验班与同年级其他班的学生自编应用题的能力，实验班的平均成绩为86分，其他班的平均成绩为62.4分（$p<0.01$，差异显著）。实验班学生能自编多步骤的应用题，他们能发现问题、提出问题，将多步列式合并为一步综合式，又从一步综合式编成五步、六步甚至七步应用题，独立思考并且能新颖地解决有关难题，这在其他班就较少看到。

中学数学教学中的创造性同样很重要。以应用题为例，一般中学生有两种通病。一种是没有明确领会题意，就忙着列算式，这样的算式往往"文不对题"，甚至漏看或看错一些已知条件，结果是答案错误百出。另一种是题意理解了，已知条件也没遗漏，只是按照教师讲过的例题亦步亦趋地套公式求解，并没有多动脑筋想一想其他解题法。虽然他的算式对了，答案也正确，但未能达到创造性智力品质的要求。

提高解题能力的关键是独立思考，认真分析，敢于创新。这样，不仅正确迅速地解答了题目，更重要的是培养了独创性的智力品质。为此，有经验的数学教师积极地为学生编独立思考题。例如：

设有甲、乙两个杯子。甲杯装10升A液，乙杯装10升B液。现从甲杯取出一定量的A液，注入乙杯并搅拌均匀。再从乙杯中取出同量的混合液注入甲杯搅拌均匀。测出甲杯中A液和B液的比为5∶1。求第一次从甲杯中取出的A液量是多少。（见图6-2）

一般情况下，学生按题意列方程式：设从甲杯取出A液x升注入乙杯，则乙杯中A液与混合液之比为$\frac{x}{10+x}$，B液与混合液之比为$\frac{10}{10+x}$。从乙杯中取出混合液x升，所含A液为$\frac{x}{10+x} \cdot x$升，所含B液为$\frac{10}{10+x} \cdot x$升。因

图 6-2

此，现在甲杯中 A 液与 B 液的比值应为：

$$\frac{(10-x)+\frac{x}{10+x}\cdot x}{\frac{10}{10+x}\cdot x}=\frac{5}{1}。$$

解此方程可得 $x=2$。即第一次从甲杯取出的 A 液为 2 升。

但有些学生在仔细理解题意后，注意到两点。

(1) 当从甲杯取出 A 液注入乙杯，再从乙杯取出混合液注入甲杯后，甲乙两杯仍各有 10 升液体。即甲杯中有了多少 B 液，乙杯中就有多少 A 液。当甲杯中 A 液与 B 液的比例为 5∶1 时，乙杯中 B 液与 A 液的比必为 5∶1。

(2) 当从甲杯取出 A 液注入乙杯后，乙杯中的混合液成分就已确定。至于从乙杯中取走混合液与否，并不影响混合液中 A 液与 B 液的比例。因此，他们把问题理解为：从甲杯取出多少 A 液注入乙杯，使乙杯中 A 液与 B 液之比为 1∶5。

设从甲杯取出 x 升 A 液，则可列出方程式：$\frac{x}{10}=\frac{1}{5}$。很容易解得 $x=2$。

数学教育家曹才翰教授指出，在中学，思维的创新性更多地表现在发现矛盾以后，把知识融会贯通，以进攻的姿态，突破矛盾，最终解决问题（曹才翰，1990）。例如：

求证 $\sum\limits_{k=0}^{n-1}\cos\frac{2k\pi}{n}=\sum\limits_{k=0}^{n-1}\sin\frac{2k\pi}{n}=0$。

分析：对于这道题，如果纯从三角去考虑，是较烦琐的。如果想到单位圆上的点 $A_k\left(\cos\dfrac{2k\pi}{n}, \sin\dfrac{2k\pi}{n}\right)$，而点 A_k 又对应着向量 $\overrightarrow{OA_k}$，那么欲证命题成立，只需证 $\sum\limits_{k=0}^{n-1}\overrightarrow{OA_k}=0$ 即可。又向量 $\overrightarrow{OA_k}$ 可视为力 f_k，进而想到大小一样，终端分布在正 n 边形的 n 个顶点上的共点于正 n 边形中心的力系，其合力为 0。故 $\sum\limits_{k=0}^{n-1}\overrightarrow{OA_k}=\sum\limits_{k=0}^{n-1}f_k=0$ 成立。

证明略去。

由此可见，只要仔细分析、认真思考，学生是可以通过各种途径简化运算办法的。简化运算的过程，正是思维创造性的智力品质所表现的过程。只要教师合理要求，积极引导，启发学生运用已有知识灵活布新，敢于闯自己解题的路子，就不仅可使学生数学知识学得活、学得深，而且能使他们在运算中不断地提高智力品质的独创性。

儿童青少年在数学运算中创造性的发展受到先天条件和后天环境等各种因素的影响，在个体的不同年龄阶段表现出不同的特点和发展趋势。而对于不同的个体来说，这种创造性发展的个别差异也是十分明显的。因此，研究创造性的发展是培养和造就创造性人才的前提。

创造性的萌芽表现在幼儿的动作、言语、感知觉、想象、思维及个性特征等各方面的发展之中，尤其幼儿的好奇心和创造性想象的发展是他们创造力形成和发展的两个最重要的表现。一般来说，幼儿可通过各种活动来表现他们的创造力，如数学（算术）、语言、绘画、音乐、舞蹈、制作和游戏等。其中游戏作为幼儿的主导性活动，一方面满足了他们参加成人社会生活和实践活动的需要，另一方面又使幼儿以独特的方式把想象和现实生活结合起来，从而对他们的心理行为以及创造力发展都起到重要作用。

儿童入学后，思维和想象获得了进一步发展，尤其是有意想象逐步发展到占主要地位，想象的目的性、概括性和逻辑性都有了发展；想象的创造性也有了较大提高，不但再造想象更富有创造性成分，而且以独创性为特色的创造性想象也日益发展起来。这有助于小学生运算思维的独特性的发展。

我们（林崇德，1983；朱智贤，林崇德，1986）对小学数学学习中培养和发展儿童创造力问题的研究发现，数学概念学习中的变换叙述方式、多向比较、利用表象联想，计算学习中的一题多解、简化环节、简便计算、计算过程形象化、发展估算能力，几何初步知识学习中的注意观察、动手操作、运用联想、知识活用，应用题学习中的全面感知和直觉思维、发现条件和找出关键、运用比较和克服定式、补充练习、拼拆练习、扩缩练习、一题多变练习、自编应用题等，不仅对掌握数学知识、提高数学能力极为有利，而且是小学生创造性的重要表现。

在研究中我们发现，小学生在运算中的思维创造性主要表现在独立性、发散性和有价值的新颖性上。它的发展趋势表现在两个方面：一是在内容上，从对具体形象材料的加工发展到对语词抽象材料的加工；二是从独立性上，先易后难，先模仿，经过半独立性的过渡，最后发展到创造性。

处于青少年期的中学生，其身心发展的特点决定了他们的创造性既不同于幼儿和小学儿童，也不同于成人。我们（林崇德，1983；朱智贤、林崇德，1986）发现，与学前、小学儿童的创造性相比，中学生的创造性有如下特点。

- 中学生的创造性不再带有虚幻的、超脱现实的色彩，而更多地带有现实性，更多的是由现实中遇到的问题和困难情境激发的。
- 中学生的创造性带有更大的主动性和有意性，能够运用自己的创造力去解决新的问题。
- 中学生的创造性逐步走向成熟。

我们（朱智贤，林崇德，1986）在研究中看到：在数学学习过程中，中学生的创造性既表现为思考数学问题时方法的灵活性和多样性、推理过程的可逆性，也表现为解决数学问题时善于提出问题、做出猜测和假设并加以证明的能力。物理和化学的学习以及科技活动要求中学生动手做实验，对实验现象进行思考和探索，尝试揭示和发现事物的内在规律，运用对比、归纳等方法加深对规律的理解，并运用这些规律来解释现象、解决问题。这些对于激发中学生探索自然界的奥秘，提高实际动手操作能力，促进创造力包括运算能力的创造性发展都十分重要。

四、运算中学生思维的批判性及其培养

思维的批判性，就是指思维活动中善于严格地估计思维材料和精细地检查思维过程的智力品质。

在国外心理学界，早在20世纪50年代，就有一种与思维的批判性品质相对应的概念，叫作批判性思维。类似元认知和自我监控、反思等概念，都属于批判性的范畴，它是自我意识在思维中的表现。也就是说，批判性思维，意指严密的、全面的、有自我反省的思维。有了这种思维，在解决问题时，就能考虑到一切可以利用的条件，不断验证所拟定的假设，获得独特的问题解决的方案。因此，批判性思维应作为问题解决和创造性思维的一个组成部分（Russell，1956）。

我还是从思维的个性差异来阐述批判性思维，称它为思维的批判性品质。它的特点有五个。

- 分析性，即在思维过程中，不断地分析解决问题所依据的条件，反复验证业已拟定的假设、计划和方案。
- 策略性，即在思维课题的面前，根据自己原有的思维水平和知识经验，在头脑中构成相应的策略或解决课题的手段，然后使这些策略在解决思维任务中生效。
- 全面性，即在思维活动中善于客观地考虑正反两方面的论据，认真地把握课题的进展情况，随时坚持正确计划，修改错误方案。
- 独立性，即不为情境性的暗示所左右，不人云亦云、盲从附和。
- 正确性，即思维过程严密、条理清晰，思维结果正确，结论实事求是。

如前所述，思维的批判性品质是思维过程中自我意识作用的结果。自我意识是人的意识的最高形式，自我意识的成熟是人的意识成熟的本质特征。自我意识以主体自身为意识的对象，是思维结构的监控系统。通过自我意识系统的监控，可以实现人脑对信息的输入、加工、贮存、输出的自动控制系统的控制。这样，人就能通过控制自己的意识而相应地调节自己的思维和行为。思维活动的自我调节，表现在主体根据活动的要求，及时地调节思维过程，修改思维的课题，改变解决课题的手段。这里，实际上存在着一个主体主动地进行自我反馈的过程。因而，思维活动的效率就得到提高，思维活动的分析性就得到发展，思维的主动性就得到增强，减少了盲目性和随机性，思维结果也具有正确性，减少那些狭隘性和不准确性。

我国古代思想家老子说："知人者智，自知者明。"这正说明在人的思维活动中，自我意识的监控所表现出来的批判性，体现着一个人思维活动的水平。苏联心理学家的研究表明，那些愚鲁的、智力落后的儿童的自我评价往往是非批判性的（鲁宾什坦，1984）。美国心理学家的研究表明，创造性思维和自我概念存在高相关。戴塔（Datta）对一群儿童实施创造性思维的测验，按得分的情况将其分成三组——高创造力组、低创造力组和无创造力组，然后对他们在自我概念方面的基本特征加以测定，发现在自我认可、独立性、自主性、情绪坦率上高水平的被试，同样也被鉴定为高创造力者（Yawkey，1980）。这些事实表明，思维的批判性品质来自对思维活动各个环节、各个方面所进行的调整。校正的自我意识，是创造性活动和创造性思维过程中不可缺少的因素，是思维的一种极为重要的品质。所以，开展对思维批判性的研究是十分必要的。正如朱智贤教授所指出的，思维心理学主要研究思维过程即思维操作能力，也要研究思维的产物、结果，还要研究思维的策略性（即对自己思维过程的控制，特别是自觉的自我控制）和思维的批判性（朱智贤，1984）。

数学学习中的批判性，是学生在学习数学知识过程中发现、探索、变式的反省，这种自我监控的品质是中学生在数学学习中必不可少的，它使学生在学习数学知识的过程中不仅知其然，而且知其所以然。批判性往往是在对所学知识的系统化的进程中表现出来的,但它的重点在于检查和调节学习过程中的思维活动。学生要反思自己是怎样发现和解决问题的;运用了哪些基本的思考方法、技能和技巧;走过何种弯路;有哪些容易发生(或发生过)的错误,原因何在;该吸取何种教训;等等。例如,教授"平方根"一节,在知识系统化的基础上,教师应引导学生进行如下三点反思:①通过引出平方根概念,分析互逆运算的关系;②通过探讨平方根性质,总结其在概括过程中如何进行分类;③由求平方根的运算,领会有关的数学思维方法(如近似逼近法)。章建跃的博士学位论文《中学生数学学科自我监控能力——结构、发展及影响因素》涉及他控发展到自控,不自觉到自觉,再到自动化、迁移性逐渐提高,敏感性逐渐提高,从外部监控到整体监控的数学例子,足以说明这一点。

在培养学生的思维批判性时,切忌变为教师对教材的逻辑说教。教师要注意积累学生所表露出的心理能力火花和思维障碍的材料,有针对性地设计反思问题,鼓励学生现身说法、积极评论研讨。在我们的实验中,为了培养这种批判性,我提出,教师除了要在课堂教学中抓好"反思"这一环节外,还必须使学生养成随时监控自己数学思维的习惯。为此,教师可要求学生在写作业时做反思摘记,主要内容包括:①每步推导、演算所依据的概念、定理、法则;②对错误的简要分析及改正;③题型或思路小结;④解题注意事项;⑤其他体会。教师要做到作业当日批改、分类指导、及时强化,这样对学生数学思维批判性的培养大有好处。

五、运算中学生思维的敏捷性及其培养

思维敏捷性是智力活动的速度问题。日常生活中我们常常认为那些反应快、思考迅速的人"聪明"。在数学运算中,也有一个速度训练的问题,即培养学生正确迅速的运算能力。智力正常、超常与低常的学生,其差别往往表现在数学运算速度上。

1978年，北京市某区选拔38名在校"超常"学生，参加当年的高等学校入学考试，选拔考试的科目是数学和物理。这38名学生的数学成绩都在80分以上，答完数学试题的时间不到2小时。让某校高一年级重点班的学生完成同一试卷，结果平均成绩仅为35分，平均完成时间却达3小时。这38名"超常"学生中，年龄最小的只有15岁，为九年级学生，让他做该区选拔课外数学活动组成员的数学试题，他仅花了50分钟，却获得了100分的成绩；让高一年级20名数学爱好者完成同样的试题以做对照，结果是他们平均用时150分钟，平均只完成60%的试题，平均成绩仅为31分。

小学生的情况如何呢？我们统计了某个学区一次数学竞赛的时间，其中前十名优胜者平均初步完成试题的时间，还不到竞赛时间的一半。有一个小学生，仅花了22分钟就完成了90分钟的试题。因此，小学的数学尖子生也普遍表现出运算快的特点。

从5~18岁的"超常"学生的运算时间记录与统计结果看，他们的运算速度一般是正常学生的$\frac{1}{3} \sim \frac{1}{2}$。因此，我们不应把运算速度只看作对数学知识的理解程度的差异，还要看作运算习惯的差异和思维概括能力的差异。这种差异一般可以表现出四种情况：正确—迅速的，正确—缓慢的，不正确—迅速的，不正确—缓慢的。

我们要培养的是第一种，即正确—迅速的运算能力。常见的培养办法有两个：一是在数学教学中始终有严格的速度要求，二是教给学生速算方法。

我的弟子连四清做了"工作记忆在简单代数运算中的作用"的精彩实验。他对数学运算反应时的研究，在一定意义上就是运算中敏捷性的研究。他有一个重要发现：即使是非常简单的整数等式和指数等式的判断也都与视空间模板和语音环路有关，意指对任何视空模式和语音环路的认知都有敏捷性的问题。

在数学教学中（包括给学生布置作业），必须有速度的要求。如某校有位初中数学教师，每次上课他都带上小黑板，第一件事是出示小黑板上的数学习题，让学生计时演算，检查正确率与速度，并利用学生"好胜"的心理，坚持开展比赛。经过两年多的训练，学生的数学成绩与智力敏捷性显著地提高。教师在教学中不提速度的要求，尤其是在小学低年级常规训练中不强调速度的训练，这样做不仅影响学生的数学成绩，而且影响学生的智力发展。我在研究中曾发现多起入学时思维很敏捷的儿童，由于缺乏运算速度的培养，思维过程越来越"迟钝"的案例，这是值得教师吸取的教训。

为了提高学生正确、迅速的运算能力，教师还要教会他们一定的速算要领与方法。例如，小学算术中，几个数相加，中间有互为补数的，可以先加；连续数的加法，可以归纳为首项加上末项，再乘以项数的一半即可；乘或除以 5, 25, 125, 625……可以用五一倍作二计算；等等。速算方法的掌握和运用，有一个"熟能生巧"的过程，一旦"生巧"，不仅可以丰富数学知识，而且可以促进智力品质的发展。

研究表明，实验班教师不仅教给学生多种速算方法，而且鼓励学生创造速算方法，积极地提倡他们发现的合理的速算方法，并逐步地形成速算的习惯。两三年过去后，实验班的学生在正确、迅速的运算能力方面，与同年级其他班学生的差异越来越大。在三年级的一次速算比赛中，实验班的学生平均运算时间为 8 分 37 秒，平均成绩为 98.9 分，而其他几个班的学生，平均运算时间为 14 分，平均成绩接近 90 分（两种班运算时间差异的检验，$p < 0.01$，差异显著）。从中可以看到，实验班学生由于教学得法，运算的正确性要比同年级的其他班高，在运算速度上也与其他班存在着显著差异。可见，运算中智力的敏捷性是完全可以培养的，只要采取一定的合理措施，坚持带领学生练习，学生在运算中的思维过程就会逐渐变得敏捷、反应快，演算速度也快。

这里我要特别指出的是，思维的敏捷性尽管可以通过"正确、迅速的运算能力"的训练获得提高，但要看到，敏捷性不是一种独立的思维或智力活动，它是由其他各思维品质所派生或决定的。提高运算思维的深刻性、灵活性、创造性、批判性的水平，也是促进正确、迅速的运算能力发展的重要措施。

六、研究学生思维品质的重要性

我在研究学生运算中的思维品质或智力品质时体会到,思维品质发展与培养的研究,是思维发展心理学研究与教育研究中不可忽视的一个重要环节。

(1) 目前学生智力与能力发展的研究尽管涉及面很广,但重点要研究其思维能力的发展。思维品质是思维能力的表现形式,不同的思维品质必定表现出不同的思维能力。因为在智力与能力的差异中,思维品质的差异是最主要的差异。一切关于智力和思维能力发展的研究,都是从个体入手的,都要研究个体思维能力的提高和个体间差异的变化。不论是研究中小学生在数学概念、推理、问题解决和理解等方面的发展,还是确定或区别中小学生思维能力、智力的层次,都离不开思维的深度、广度、速度、灵活程度、抽象程度、批判程度和创造程度,也就是离不开五种思维品质。思维品质表现了思维能力,中小学生和幼儿思维品质的研究,揭示的正是中小学生和幼儿思维能力的发展。

(2) 在思维或者思维发展的研究中,制定和寻找客观指标是一个难题。皮亚杰的思维及思维发展的实验研究方法是一个重大的突破,这是值得我们学习的。同时,我在自己的研究中看到,在教学场所或日常生活中,中小学生和幼儿思维品质的客观指标是容易确定的,敏捷性、灵活性、深刻性、创造性和批判性的差异表现是可以用客观方法加以记录的,这就能作为思维品质的指标。因此,从思维品质发展与培养的研究入手,是能够探索出中小学生和幼儿思维发展的一些特点的。

(3) 在中小学生和幼儿思维发展的研究中,离不开对"教育与发展"问题的探讨。传统教学中有不少弊病,如"齐步走""一刀切",看不到中小学生和幼儿思维、智力与能力的差异,使他们在教学中往往处于被动的状态。国际上有不少心理学家,如杜威、赞可夫、布鲁纳等,在研究思维、智力与能力发展的同时,也致力于对传统教学进行改革。我在自己的研究中看到,研究思维品质的发展与培养,有利于进一步挖掘中小学生和幼儿思维、智力的潜力。

(4)思维品质发展的水平,是区分中小学生和幼儿智力正常、超常或低常的标志。我的研究表明,超常中小学生和幼儿在思考时反应敏捷、思路灵活、认识深刻,能抓住事物的实质,解决问题富于创造性。低常中小学生和幼儿思维迟钝、思路呆板,只能认识事物的表面现象,缺乏富有社会意义的独特、新颖的特点。研究思维的品质,对于发现超常、低常中小学生和幼儿,开展对他们的思维、智力的研究,有的放矢地加以培养具有重大意义。

值得指出的是,我们在全国26个省、自治区和直辖市实验点的实验教学班的教师将"提高教学质量、减轻学生过重的负担"作为一个出发点,他们绝不搞加班加点,不给学生增加额外作业,除了个别成绩极差的学生外,绝大多数学生基本上可以在学校完成数学作业。我们的实践表明,良好而合理的教育措施在培养小学生的运算过程思维品质的同时,也能促进他们数学学习成绩的提高,使他们学得快、学得灵活、学得好,换句话说,能促进小学数学教学质量的提高。

我认为,上面介绍的数学运算中思维品质的培养途径与结果,仅仅是思维品质培养的一种例子,但思维品质绝不是只在数学运算中才能进行培养的特殊能力。思维品质的培养具有一般性。在语文、物理、化学、生物、外语等任何一门学科中都可培养。我们的大量研究也证实了这一点。所以,国内基础教育界把我们的教改实验称为"思维品质培养"的实验研究。我坚信培养思维品质是发展思维能力的突破点,是提高教学质量、减轻学生负担的最佳途径。

第三部分

儿童青少年数学能力的发展

　　人人都有数学能力。然而，数学能力什么时候产生，又如何发展呢？这是本部分要探讨的内容。在婴儿期，随着智力的萌芽，婴儿就出现了"数学能力"的萌芽。例如：八九个月大的孩子在要东西的时候，就有挑大的、挑多的那种倾向。2岁以后这种"数学能力"逐步发展起来。这为幼儿"数学教学"奠定了数学智力发展的基础。小学阶段，学生的数学能力迅速发展，这种数学能力与小学阶段的智力—思维发展的特点保持着同一个趋势。中学阶段，学生随着智力—思维的逻辑抽象性的提高，所接受的数学知识技能和数学文化发展到一个新的高度。于是，中学生，尤其是高中生的数学能力已经表现出一般成年人的特点。儿童青少年的数学能力的发展，既表现出年龄特征，更多的是受数学教育所制约，又表现出明显的个体差异。因此，因材施教应该是数学教学中最根本的原则。

第七章 学前儿童运算思维能力与数学的早期教学

学前儿童心理发展的问题，是儿童心理学的重要研究领域之一。对这个阶段智力发展的年龄特征的揭露，是确定早期教育的一个出发点。国外的实验表明，如果儿童出生后缺乏适当的学习机会，其某些学习能力就会随年龄增长而衰退。出生后就给予适当训练与学习的儿童，在3个月后与同年龄未经训练的儿童相比，学习效果几乎高出一倍。这表明早期学习对后期学习产生正迁移的作用，学习能力是用进废退的。也有的研究表明，早期教育可以提高智商，使中上智商的婴幼儿提高到接近"超常"的状态。

学前儿童的智力是如何发展的，他们的数概念与运算能力发展的水平有多高，如何通过早期数学的"教学"促进他们的智力发展等，这些都是儿童青少年心理学的新课题。我曾对从出生8周到7岁（简称0—7岁）的1005名学前儿童展开了一次围绕上述问题的研究，并获得了较客观的研究结果。

对学前儿童运算思维能力的分析，必须放在学前儿童思维或智力发展的背景下进行，因为运算思维能力应看作儿童整个思维乃至智力的一个组成部分或成分。

---

* 20世纪八九十年代在我国许多地区儿童7岁上小学，6—7岁儿童仍处于上幼儿园阶段。因此笔者当时研究早期教育时界定的儿童年龄阶段为0—7岁。本章主要探讨0—6岁儿童的思维能力与数学的早期教学，同时也呈现了笔者于20世纪八九十年代取得的关于0—7岁儿童数学思维能力发展的一些研究成果。

一、0—6岁儿童思维特点与运算思维能力的发展概况

0—6岁儿童,从发展阶段来区分,包括乳儿期(0—1岁)、婴儿期(1—3岁)和幼儿期(学龄前期,3—6岁),前两者也可笼统地称为婴儿期。婴儿期儿童以直观行动思维为主,幼儿期儿童则以具体形象思维为主要智力的表现形式。

我们将婴儿期看作儿童思维的发生或萌芽阶段。一般来说,1岁以内的婴儿,只有对事物的感知,基本上还没有思维。1岁后,在婴儿的活动过程中,在其表象和言语发展的基础上,由于经验的不断积累,婴儿开始出现一定的"概括性"思维活动。3岁前,儿童的思维基本上属于直观行动思维的范畴,即主要是"直观行动性",也就是皮亚杰强调的"感知"与"动作"协调性。这种思维萌芽或产生的意义是"巨大"的,它不仅意味着智慧活动即智力的真正开始,同时也意味着心理的随意性(或自主性)由此开始。

幼儿思维在婴儿思维的水平基础上,在新的生活条件下,以言语发展为前提逐步发展起来,出现了具体形象思维。所谓具体形象思维,是指儿童的思维主要凭借事物的具体形象或表象,即凭借具体形象的联想来进行,而不是凭借对事物内在本质和关系的理解,即凭借概念、判断和推理来进行。例如,一个幼儿能够正确回答"6个苹果,2人平分,每人分几个?",却不知道"3+3=?"。一个幼儿看到闹钟每天"嘀嗒嘀嗒"地走,就猜想里边可能有小人儿在推着它走,甚至会拆开来看个究竟。幼儿普遍喜欢童话画册和动画片,这与幼儿要凭借那些生动鲜明的具体形象才能理解故事有关。幼儿思维的具体形象性还派生出幼儿思维的经验性、表面性、拟人化等特点。幼儿的这些思维特点跟他们的知识经验贫乏和直观形象系统活动占相当优势分不开。但此时,思维的抽象逻辑性开始萌芽,言语在幼儿思维发展中的作用日益增强。思维的抽象概括性和对行动的自觉调

节，这是人的意识的两个基本特点，尽管幼儿阶段与这两个特点还有一定距离，但已开始萌芽并表现得日渐明显。

0—6岁儿童的运算思维能力，尤其是数概念的产生、发展以上述思维特点为前提，并作为最初概念掌握的一种表现形式。

（一）学前儿童最初概念的掌握

概念的形成和概念的掌握含义不同。

概念的形成是指概念从无到有的历史演变。概念是在人类社会历史发展的过程中逐步形成和发展的。

概念的掌握则是对个体而言的，是指个体掌握社会上业已形成的概念。成人利用语言工具，通过与儿童的言语交际及教学手段，把概念传授给儿童。儿童掌握一个概念往往不是一次完成的，它要随着儿童知识经验的丰富和思维水平的发展不断充实和改造。因此，每个儿童所掌握的同一概念的深度和广度是不同的；同一儿童在不同发展阶段所掌握的同一概念的深度和广度也是不同的。这个概念掌握的过程也就是从具体形象思维向抽象逻辑思维发展的过程。

儿童掌握概念的特点直接受他们概括水平的制约。幼儿概括的特点表现在以下三个方面。

- 概括的内容比较贫乏，一个词最初只代表某一个或某一些具体事物的特征，而不是代表某一类事物的共同特征，到幼儿晚期，概念所概括的内容才逐渐丰富。
- 概括的特征很多是外部的、非本质的，如幼儿大多以功用性特征事物的概念。
- 概括的内涵往往不精确，有时失之过宽，有时又失之过窄。

正是由于这些特点，儿童在幼儿初期掌握概念的广度和深度都是很差的，他们一般只能掌握比较具体的实物的概念，而不易掌握一些比较抽象的性质概念、关系概念、道德概念。只有到了幼儿晚期，儿童才有可能掌握一些比较抽象的概念，如野兽、动物、家具、勇敢等。

幼儿掌握实物概念的一般发展过程如下。

- 小班幼儿实物概念的内容基本上代表幼儿所熟悉的某一个或某一些事物。
- 中班幼儿已能在概括水平上指出某一些实物的比较突出的特征，特别是功用上的特征。
- 大班幼儿开始能指出某一实物若干特征的总和，但是还只限于所熟悉的事物的某外部特征和内部特征，而不能将本质特征和非本质特征很好地加以区分。

在正确的教育下，大班幼儿也有可能初步地掌握某一实物概念的本质特征，如"马是动物"等，但这要取决于这些实物是否为幼儿所熟悉，也取决于幼儿是否掌握了进行抽象概括时所需要的词语。学习概念时，在对事物或现象的意义有了充分理解之后，就可以进行分类。分类时，主要是依据事物的本质属性。通过分类，幼儿可以逐渐掌握概念系统。同时，分类也是心理学研究儿童概念水平常用的方法之一。研究儿童类概念的材料通常用实物或形象材料。

苏联心理学家维果茨基（Lev Vygotsky）曾用一些大小、颜色、形状不同的"实验块"（几何体），请儿童将它们分组。6岁以上的儿童只将单独的性质（如颜色或形状）作为必需的、充分的依据。6岁以下的儿童则不断改变标准，一会儿以形状，一会儿又以颜色或大小作为分类基础。维果茨基称之为"链概念"。

后来皮亚杰等人研究了儿童的实物分类，并指出，幼儿不用分类学方法，而用主题分类。例如，把玩具猫和椅子放在一起，理由是猫喜欢坐在椅子上。皮亚杰等人由此提出，儿童概念发展经过三个阶段：主题概念—链概念—充分必要特征基础上的概念。

我国心理学家刘静和、王宪钿等人用图片材料研究了4—9岁儿童的类概念发展。每张图片内容可分属一级概念，要求儿童将它们加以分类，如

图 7-1 所示。

（二级概念）（一级概念）（图片内容略）

图 7-1　类概念之间的关系

结果显示，儿童分类的发展顺序是：不能分类—依感知特点分类—依生活情境分类—依功能分类—依概念分类。4 岁以下儿童 82.3% 不能分类，6—7 岁儿童逐渐能按事物的功能和本质特点来分类，这说明此时儿童的抽象概括能力开始发展起来（刘静和，王宪钿，范存仁，张梅玲，1963；王宪钿，刘静和，范存仁，1964）。这一结果与国内外的一些研究结果基本上是一致的。

数概念和实物概念比较起来，是一种更加抽象的概念，因而在儿童发展过程中，掌握数概念比掌握实物概念晚些，也难些。这个问题涉及多大的孩子会数数，教多大的孩子多"深"的算术。这正是家长和幼儿园教师关心的问题。

（二）学前儿童数概念的发展

学前儿童掌握最初的数概念是一个复杂的过程。会数数并不等于掌握了数概念，口头数数只是掌握数概念的第一步。

第二步是"给物说数"。成人让儿童"数数看"，儿童开始点数实物，数后说出总数。

第三步是"按数取物"。儿童听到一定的数目后，根据这个数目去取出相应的实物。

第四步才是掌握数概念。所谓掌握数概念，包括理解：①数的实际意义（例如，"3"是指 3 个物体）；②数的顺序（例如，2 在 3 之前，3 在 2 之后，2 比 3 小，3 比 2 大）；③数的组成（例如，"3"是由"1+1+1"或

"1+2"组成的)。

儿童形成数概念，经历口头数数→给物说数→按数取物→掌握数概念四个发展阶段。表7-1是关于这个发展趋势的研究数据。

表7-1 数概念发展分配表

年龄	达到数目			
	口头数数	给物说数	按数取物	掌握数概念
8周至0.5岁				
0.5—1岁				
1—1.5岁				
1.5—2岁	1	0	0	0
2—2.5岁	4	2	2	1
2.5—3岁	9	5	4	2
3—4岁	19	15	9	5
4—5岁	50	39	34	11^+
5—6岁	88	84	80	23^+
6—7岁	97	92	87	29^+

(注：达到数目按平均数计算，取整数。)

由表7-1可见：

(1) 儿童数概念的形成和发展，有明显的年龄特征：1.5—2岁，儿童开始运用次第数词"1个又1个"，指量数词"1""2"，逐步进入口头数数的水平。2—2.5岁，儿童不仅能数到"5"上下的数，而且通过点物能说出2或3，按数取出2~3个实物，并开始掌握2以内的数概念。在此基础上，儿童的计数能力逐步发展，到5—6岁这个年龄阶段绝大多数儿童能口头数到"100"(表7-1中平均数为"88")，给物说数和按数取物能力也接近"100"(表7-1中分别是"84"和"80")。

7岁前儿童掌握数概念的水平是：2—3岁儿童可以掌握到"2"；3—4岁儿童可以掌握到"5"，4—5岁儿童可以掌握到"11"；5—6岁儿童可以掌握到"23"；6—7岁儿童可以掌握到"29"(实际上这个年龄组过半数的被试儿童可以掌握"50"以内的数概念)。

（2）2—3岁、5—6岁是儿童形成和发展数概念的两个关键年龄阶段，前一个是从感知事物飞跃为数概念萌芽，即从"空白"到出现计数能力，后一个是学前儿童数概念形成与发展的一个飞跃时期。

（3）计数能力的出现不等于数概念的形成，计数的程度也不等于掌握数概念的程度，这是因为概念所反映的是事物的本质属性，具有更大的抽象性，所以计数能力的出现到数概念的形成要经过一段曲折的道路。

（4）在数概念的发展过程中，儿童对于一个数概念的获得所花费的时间并不一样。儿童掌握"1"和"2"的数概念较快，而从"2"过渡到"3"的时间却几乎增加了前者的1倍（半年以上），从"11"到"23"中间有几个数需要1年时间，而从"23"到"29"仅7个数，也要花费1年时间，可见儿童掌握"10"至"20"的数概念要比掌握"20"至"30"快得多。

（5）儿童在数概念的形成和发展中存在着个体差异，并且这种差异随着年龄增长而扩大。

（三）学前儿童运算能力的发展

随着学前儿童数概念的发展，儿童最初的运算能力也在积极发展。

在一般情况下，儿童数运算能力的形成和发展有着明显的年龄特征。最初的运算是在2岁以后，但2—2.5岁的儿童仅仅在3～4以内进行加减，并且绝大部分儿童是依靠实物完成的。3—4岁儿童，大多数能依靠实物完成"5"以内的加减，少数能直接进行"5"以内的运算。5—6岁的大部分儿童能够不用实物直接进行"20"以内的口头或书面运算，有少数儿童开始掌握"50"以内的加减运算，极少数儿童能用"100"以上的数字来演算加减习题，且能演算简单的乘法习题。6岁以后的儿童在此基础上有所发展，但未见明显的变化。

在学前期，2—3岁和5—6岁是儿童运算能力发展的两个关键年龄阶段、两个明显的转折点。

在学前期儿童运算能力发展中，"20"以内的运算，依靠实物与不依靠实物有着明显的差别；"20"以上数的运算，儿童往往无实物可依靠，基本上属于不依靠实物的直接运算。在运算能力的发展中，不同儿童表现出个体差异，并且这种差异是随着年龄增长而扩大的。

从0—6岁儿童数概念的形成和运算能力发展之间的关系来看，可以发现在这个阶段儿童运算能力的形成与发展是和数概念的形成与发展一致的。儿童从学会认识数到学会运用数，这是一般的发展趋势。从这个趋势可以推断，儿童思维的发展也是从学会认识概念到学会运用概念。当然，也有少数儿童在"100"以上数字的加减甚至乘除运算中掌握的数字，往往超过他们所掌握的数概念。他们能运算，但不能了解数的实际意义。究其原因，一是儿童的数概念与运算能力发展到一定程度后表现出差异性，二是儿童掌握数概念需要以数的表象为基础。

（四）学前儿童认识图形能力的发展

为了更好地研究儿童数概念的形成与发展，我调查了0—7岁儿童对各种几何图形的认识情况。表7-2是我的调查结果。

表7-2 各年龄组儿童掌握几何图形的情况

年龄	叫出"正方形"	叫出"方块"	叫出"圆(形)"	叫出"圆圆"	叫出"三角形"	叫出"三角"	叫出"梯形"	自编名称
8周至0.5岁								
0.5—1岁								
1—1.5岁								
1.5—2岁								
2—2.5岁		20%		21.3%		21.3%		
2.5—3岁		18.7%	15%	18.8%	15%	16.2%		
3—4岁	40.1%	40.1%	55%	40.1%	50%	34%		
4—5岁	50.6%	49.4%	75%	25%	52.2%	47.8%	9.5%	30%
5—6岁	92.5%	5.7%	95%	37%	88.8%	11.2%	49%	25%
6—7岁	100%		100%		100%		61.4%	10%

从表 7-2 可以看出：

儿童对平面几何图形名称的认识，是从日常生活中的前科学概念向科学概念发展。儿童从叫出"方块"到叫出"正方形"，从叫出"圆圆"到叫出"圆（形）"，从叫出"三角"到叫出"三角形"，从自编名称（按生活常识）到叫出"梯形"，这些变化反映了在一定教育条件下，儿童思维活动从直观形象向语言抽象的发展过程。儿童对不同图形的认识程度是有差别的，如对"圆形"认识较早，对"梯形"感到较难，这反映了这些图形与儿童生活的接近程度及其本身的抽象程度，说明了儿童数学概念的形成必须以他们感性的生活经验作为基础。

儿童对平面几何图形的认识有一个过程，2 岁前的儿童能够辨认物体的大小，2—3 岁儿童开始叫出个别图形的前科学概念（名称），反映了他们把这些图形通过语言从别的图形（物体）中分化出来。在正常教育条件下，4—5 岁的半数以上儿童能叫出"正方形""三角形"和"圆"的数学名称（科学概念），5 岁以后基本上认识了这些图形的概念。

对照儿童掌握数概念和运算能力发展的情况，可以发现，0—7 岁儿童数概念与形概念的形成和发展具有一致性。尽管两者之间有一定差别，但并不排除两种数学概念发展趋势的一致性及其在思维活动水平上所表现出来的年龄特征的稳定性。

二、0—6 岁儿童掌握数概念中思维活动水平的发展

探讨 0—6 岁儿童掌握数概念与运算能力的特点后，应揭示其深层的思维活动或认知活动的特征。

（一）国际学术界与国内相关文件的论述

我把国际上关于儿童思维研究的权威资料，以及国内对学前儿童数概念发展的研究，包括教育部 2001 年颁布的《幼儿园教育指导纲要（试行）》

（以下简称"2001年《纲要》"）中，0—6岁（有的至7岁或8岁）儿童掌握数概念的问题归为0—6岁儿童思维或认知发展的领域。

1. 皮亚杰的"守恒"思想

在国际心理学界或学术界，谈到0—7岁（或0—8岁）儿童思维活动水平时，往往要追述皮亚杰的"守恒"研究。

"守恒"是皮亚杰提出的术语，指对物质从一种形态转变为另一种形态时含量保持不变的认识。皮亚杰认为，前运算阶段儿童的思维只能集中于问题的一个维度，注意的是事物表面的、明显的特征，具有中心化的特点。他设计了一系列守恒实验（见图7-2）。

图7-2 测量儿童具体运算思维的三种守恒问题图解

例如，在液体守恒实验中，向儿童呈现两只相同的玻璃杯，杯中装有等量的液体。在儿童确知两只杯中的液体是等量的之后，实验者把其中一杯液体倒入旁边一只较高、较细的杯子中，液面自然升高。然后问儿童：新杯子中的液体比原先杯子中的液体是多一些还是少一些，或者是一样多？大多数3—4岁的幼儿会回答"多一些"，因为他们只注意到了新杯子的高度。5—6岁的儿童处于守恒的转折阶段，他们似乎意识到必须同时考虑杯子的高度和粗细，但在比较时，同时考虑两个维度还有困难。皮亚杰认为，儿童一般在8岁左右达到守恒。这时儿童能意识到一个维度的变化总是伴随着另一个维度的改变，他们用同一性、补偿性或可逆性证明自己理解了其中的逻辑关系。

在数量守恒等实验中，儿童仍犯有同样的错误。但是，新近的一些研究认为，皮亚杰低估了儿童的能力。例如，在一个数量守恒重复实验中，只有少数（16%）的4—6岁儿童理解了数的守恒。然而，不久以后，实验者借用一只顽皮熊玩具，让它从匣子中出来把纽扣摆成挤在一起，有63%的儿童说物体的数目没变。格尔曼等人（Gelman & Baillargeon，1983）用较小的数目对3—4岁儿童施测，结果发现，他们能意识到数的一一对应关系和数的守恒。不过，如果数目增大，6—7岁儿童仍不能达到守恒（Cowan，1987）。

2. 教育部2001年《纲要》的精神

2001年《纲要》是幼儿园的现行课程标准。其中，对于学前儿童的每一个学习领域，只对其目标、内容做了粗略的描述和规定，和教育部1981年颁布的《幼儿园教育纲要（试行草案）》中对每一个学科、每一个年龄班（小、中、大班）的学习内容做出详细要求不同。之所以做出这种改变，可能是担心规定太细了会造成幼儿园教育小学化倾向。数学并没有作为单独学科提出，而是作为科学领域的一部分出现，强调"认知发展领域"和"数学思维"，突出的是幼儿掌握数概念与运算领域的思维活动。

这种思维活动包括7个标准。

标准1，儿童能够初步理解数以及数之间的关系。

标准2，儿童能够初步理解加减运算的意义。

标准3，儿童能够分辨量的差异。

标准4，儿童能够初步理解空间关系以及几何概念。

标准5，儿童具有对应、排序和分类的能力。

标准6，儿童能够通过观察和推理来发现、模仿并创造模式。

标准 7，儿童在解决生活中的问题时，能够运用数学的方法收集、整理、表达和交流信息。

我认为上述 7 个标准是科学的。我在上一节阐述的内容与这 7 个标准没有太大的分歧。我更欣赏的是这 7 个标准都有细则或具体内容，这有利于指导幼儿园的教育教学。

尽管 2001 年《纲要》没有把数学作为单独学科列出，但是它仍强调了数学思维及其自身严谨的学科体系。

（二）我的研究

学前儿童在掌握数概念及发展运算能力中所表现出的思维活动水平，正是他们思维能力和智力水平的反映。这个水平分为四个等级。

1. 直观—行动感知概括

儿童看到物品，能有分辨大小和多少的反应。例如在实验过程中，观察儿童要数量多的糖块，要大的苹果，给了他们就高兴，不给他们就不高兴。属于这一级水平的儿童还不能说话，他们这种直观—行动"思维"的水平很低、很笼统。我们只能凭其情绪反应来判定儿童对大小和多少的感知能力的产生。

2. 直观—表象笼统概括

在研究中，我们摆好不同数量的糖块堆，询问有多少块，儿童可以用手指、点头或答应。属于这一级水平的儿童已经有了数概念的萌芽，但这种数概念的萌芽是跟具体事物分不开的。这一级水平的儿童开始懂得"1 个苹果""2 块糖"，也能说出"好多糖"这类词，但这些词所代表的内容是很笼统的，是不分化的，即对物体数量的计算还没有从物体集合的感知中分化出来。

3. 直观—言语数概括

属于这一级水平的儿童能口头数数、给物说数和按数取物，计算能力迅速地发展起来。但这一级水平的儿童在形成初步的数概念时，其思维有如下四个显著的特点。

- 必须以直观的物体为支柱,在运算中离开直观支柱往往会中断思考。
- 数词后边往往带着"量词",尤其在运算中往往离不开"量",如"1只(猫)""2辆(汽车)""3个(苹果)"。
- 数学言语所代表的实际意义往往不能超过儿童眼前的生活实际,如"10"个手指头或"20"件(以内的)玩具,超过眼前实际的数词,往往是无意义的声音。
- 不能产生数群(最简单的分解组合)的表象。

4. 表象—言语数概括

从这一级水平起,儿童开始逐步理解数的实际意义、数的顺序和数的组成,但处于这一级水平的儿童在运算中仍离不开具体形象,离不开生活范围的经验;他们可以不依靠实物顺利地完成"20"以内的运算,有的可以演算"50""100"以上甚至上千上万的数,也能识记和运用加减甚至乘除的步骤,但他们不能理解这些数的实际意义。

我将研究中所得到的数据绘制成四条曲线(见图7-3),以此说明0—7岁儿童思维活动的发展趋势。

图7-3 0—7岁儿童思维活动发展趋势曲线图

从图 7-3 中可以清楚地看到：

（1）儿童思维活动和发展存在着显著的年龄特征。0—2 岁为感知阶段。2—7 岁是以表象或具体形象思维为主，从表象逐步发展到极为初步的抽象阶段。在数概念与运算发展中，2—7 岁这 5 年里，可以分为三个思维活动水平：①2—3 岁是直观—表象笼统概括阶段。②3—5 岁是直观—言语数概括阶段。③5 岁以后是表象—言语数概括阶段，这时，儿童的思维尽管以表象为主，但他们已经能概括数的实际意义、理解数的顺序，特别是能理解数的组成——数群（数的分解组合），并能不依靠直观进行运算。无疑这个阶段儿童的思维已开始初步地抽象概括，向逻辑抽象水平迈出了可喜的一步。

（2）儿童出生后是如何形成数概念并进行运算的呢？从出生 8 个月以后，儿童开始感知事物的大小和多少。到 2 岁前后，儿童开始对事物的多少产生直观—表象笼统概括。随着儿童的日常实践活动和语言的发展，直观与语言这两种信号系统的复杂联系开始沟通与形成，到 3—5 岁，儿童从具体的物体集合中分化出，即抽象出物体的数量来，使口头数数、给物说数、按物点数、说出总数和按数取物等计数能力逐步发展。5 岁之后，从形成数的表象发展到形成数的概念，但 7 岁前儿童的数概念还带有具体形象性。最后，如上所述，儿童又从认识数和掌握数逐步发展到运用数，进行数的运算。

（3）尽管在数概念与运算发展中思维活动存在个体差异，但一般来说，0—7 岁儿童在形成和发展数概念的过程中，八九个月、2—3 岁（主要表现在 2.5—3 岁）和 5—6 岁是思维活动水平发展的三个关键年龄。抓住关键年龄，根据儿童已有的水平，有的放矢地提出要求，及时进行早期教育，有助于数概念的形成与运算能力的提高，有助于儿童智力的发展。

三、0—6 岁儿童数学能力发展的近期研究

近期国际上对 0—6 岁儿童数学能力发展的研究比较活跃，我们的团队

也投入研究并取得了一些成果。

(一) 数量表征能力的发展

数量表征包含符号和非符号两种表征系统。其中，非符号数量表征是指不依赖符号知识对视、听等感觉通道呈现的实物数量刺激进行表达和运算的过程，其发展不依赖语言，且具有一定的先天性。因此，非符号数量表征是婴幼儿数学认知研究领域最重要的内容。来自比较心理学的研究结果表明，从昆虫到灵长类动物都能够进行非符号数量表征（Brannon & Terrace，2002）；来自认知发展心理学的研究结果则表明，从新生儿期开始，人类即拥有了非符号数量表征能力，能够对小数（3或4以内）进行精确的离散表征，也能够对大数进行近似的连续表征（Carey，2009）。

针对小数的离散表征，我的弟子陈英和教授等人主要研究了知觉线索的影响作用（赖颖慧，陈英和，陈聪，2012）。研究采用数量比较任务，给3—6岁的儿童呈现一对包含1~4个元素的图案，让他们来判断哪个图案中的元素更多（见图7-4）。在这里，陈英和等人使用的视觉元素在大小和形状维度上都存在变化。研究结果表明，这些视觉元素的累积面积会影响儿童数量比较的正确率，当其与实际数量形成冲突时（如3个元素的总面积比4个元素更大），儿童的比较正确率会下降。这说明儿童的小数表征并不总是精确的，视知觉线索会影响儿童对于小数离散量的表征。

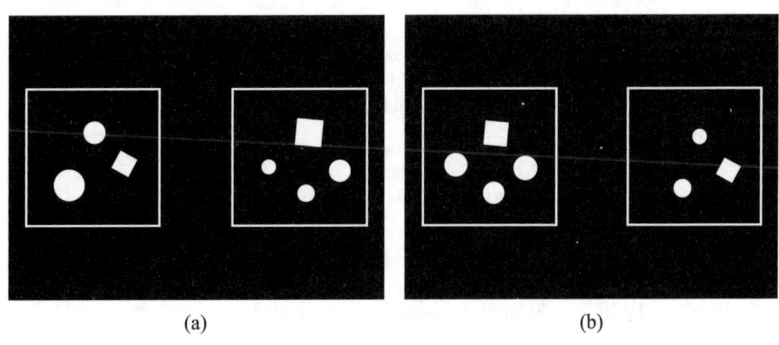

图7-4 儿童小数量比较研究中使用的题目

在数学能力发展的最初阶段，儿童对于大数（>4 的数量）的表征是近似的。在学前期，这种表征会逐渐转向精确。对于大数的表征从近似转向精确，即形成线性的数量表征，这是儿童数学能力发展的关键步骤。陈英和等人采用数字线任务的变式，考察了中国文化背景下的线性数量表征发展规律，发现中国儿童形成线性数量表征的年龄在 4—4.5 岁。但数数能力、数概念水平会影响儿童数量表征的模式和准确性。数数能力越高，儿童的大数表征越准确、越接近线性。这说明数字语言的习得对线性数量表征的形成具有促进作用。同时，正确的数字反馈也可以促进儿童的数量表征向线性转换，提高其表征准确性（徐华，陈英和，2012）。

(二) 对数字标签的理解和使用

理解数词、懂得数字标签的含义，是数学知识和数学能力进一步发展的基础。从两三岁时开始，儿童对数词含义的理解水平就逐渐提高。

陈英和等人的一项研究（韩瑽瑽，张静，陈英和，2013）使用"理解者水平理论"（Carey，2001，2004），对儿童在按数取物任务中的表现进行了分析。研究将 2—5 岁儿童划分为不同的水平：

- 前数词知识水平。即儿童取出物体数与任务目标数词之间毫无关系，这时可认为儿童尚未给数词赋予任何意义。
- 子集水平理解者，其中包含数词"一"、数词"二"、数词"三"、数词"四"理解水平（即儿童只理解 1，2，3，4 的含义）。这类儿童的数词理解水平在他们的数数范围内。
- 基数原则理解水平。这类儿童可以把数词和数量对应的原则推广到"五"和"五"以上，即获得了自身数数范围内的所有数词的含义。达到基数原则理解水平也意味着儿童理解了后继函数（Gelman & Gallistel，1978），即如果一个数词 n 所指代的基数值是 n，若在数数序列中数词 p 紧接在 n 之后，那么 p 所对应的基数值就是 $n+1$。

研究结果如表 7-3 所示，可以看出，2—5 岁儿童在不同水平上的分布差异非常明显,且3—4岁是儿童数词理解快速发展的时期。2岁和3岁的大部分儿童还处于子集水平,而4岁和5岁儿童则基本都达到了基数原则理解水平。研究还发现,达到基数原则理解水平的儿童对后继函数都有着更好的理解。同时,陈英和等人的另一项研究也发现,擅长使用数字标签的儿童在等量匹配、数量比较等任务中都有更好的表现(韩璁璁,陈蒲晶,陈英和,2010)。

表7-3 不同年龄组儿童在数词理解水平上的分布(人数和百分比)

年龄	前数词知识水平	数词"一"理解水平	数词"二"理解水平	数词"三"理解水平	数词"四"理解水平	基数原则理解水平	合计
2岁	1(6%)	3(19%)	7(44%)	4(25%)	1(6%)	0	16
3岁	2(5%)	7(17%)	10(24%)	12(28%)	0	11(26%)	42
4岁	0	0	1(4%)	0	0	26(96%)	27
5岁	0	0	0	0	0	15(100%)	15
合计	3	10	18	16	1	52	100

(三)分数与比例认知

分数与比例是儿童数学认知中的重要内容。在我国通用的小学数学教材中,分数知识大多从三年级开始学习。但是,分数与比例概念的萌芽出现在学前阶段。学前儿童虽然不能理解以符号形式表示的分数,但是对非符号形式的分数和比例概念已经有了一定程度的朴素理解。我的弟子辛自强教授曾指出,儿童最初的分数知识往往与食物的分享和食物的分割与分配等方面的生活经验有关(辛自强,2014)。

虽然学前儿童已经初步获得了分数与比例的朴素概念,但他们对于"分数""比例""几分之几"等词语仍然难以理解。因此,通过直接的询问去考查儿童对比例或分数的掌握存在较严重的困难,长期以来,问题设置和指导语设计一直是此领域的关键难点。我们团队在一项研究中使用了类Stroop任务,巧妙地回避了直接的询问,从自动化层面考查了儿童对比例信息的表征和操作。研究要求儿童对呈现的扇形面积进行对比,却以比例信息作为干扰维度，考查了儿童在面积比较中对于比例信息的自动化激活与加工处理。研究发现，至少从 5 岁起，作为干扰维度的比例信息即表现出较大程度的干扰作用，且效应程度与成人相似。这一发现说明，儿童在发展早期即对比例信息表现出自动化的激活和加工，因此比例认知很可能是一种直觉性很强的认知过程（Yang，Hu，Wu，& Yang，2015）。

辛自强等人还对儿童的分数计算能力进行了探究，发现儿童的非符号分数计算能力虽然稍弱于整数计算能力，但两者呈现出相似的发展模式。同样从 5 岁左右起，他们就能够完成以 $\frac{1}{4}$ 为单元的图形化分数计算题，且数字再认能力和数字回忆能力均能显著预测他们在分数计算任务中的表现（辛自强，刘国芳，2011）。

四、数学的早期教学

在前两节我都谈到儿童的个别差异。这种差异的原因，如第二章所说，一是遗传因素，二是环境教育。我的实验研究发现，主要的因素还在于教育教学的差别，这一差别不仅造成学前儿童数概念与运算水平的不同，更重要的是影响学前儿童数概念形成与运算能力发展中思维活动或智力活动的水平。

在我的研究中，被试对象来自两类性质的托儿所或幼儿园，一类是按北京市教育委员会统一数学教学大纲进行教学的，另一类是自己办园（所），以"养"为主，不重视"教"的。而目前的情况更加复杂，不少民办幼儿园的教育也很出色。在众多的幼儿园中，教育质量参差不齐，造成了环境与教育的差异。

我以 6—7 岁儿童为例，分析这两类幼儿园对儿童思维发展的影响差异。我之所以要选择这个年龄段的儿童，不仅因为儿童岁数较大，差异亦较显著，更重要的是考虑到 6—7 岁儿童在相应类别的幼儿园待的时间较长，受的影响较深，具有代表性。

首先，我将使用统一数学教学大纲的四所幼儿园/托儿所做对照。我选择了四所教学内容统一但父母工作范围和性质不同（某市属幼儿园、某工厂托儿所、某农村托儿所与某部队幼儿园）的幼儿园/托儿所。我对照这些幼儿园/托儿所的儿童掌握数概念和思维活动的水平两个指标，观察其异同点，结果如表7-4所示。

表7-4 四所幼儿园/托儿所的儿童掌握数概念对照

单位	5以内	10以内	20以内	50以内	100以内	100以上
某市属幼儿园	96.7%	96.7%	96.7%	93.3%	33.3%	6.7%
某工厂托儿所	100%	100%	96%	87%	40%	（未统计）
某农村托儿所	95.5%	95.5%	95.5%	82%	27.3%	（未统计）
某部队幼儿园	100%	100%	100%	86.7%	36.7%	10%

[注：差异的检验，$p>0.1$（无意义）。]

表7-4表明，在统一数学教学大纲的要求下，6—7岁儿童掌握数概念的情况尽管有差别（城市幼儿园/托儿所的儿童掌握数概念的水平比农村儿童的水平稍高），但这个差异并不显著（$p>0.1$）。

从表7-5可见，四所幼儿园/托儿所的6—7岁儿童在数概念的掌握和运算能力的发展上，其思维活动水平尽管有些差异（城市儿童较农村儿童略高），但这种差异并不显著。在统一数学教学大纲的要求下搞早期教育，6—7岁儿童尽管有遗传、环境所造成的个体差异，但他们的思维活动水平大致相似，82%以上的儿童已进入"表象—言语数概括"阶段。

表7-5 四所幼儿园/托儿所的儿童思维活动水平对照

水平	某市属幼儿园	某工厂托儿所	某农村托儿所	某部队幼儿园
直观—言语数概括	13.3%	13%	18%	13.3%
表象—言语数概括	86.7%	87%	82%	86.7%

[注：差异的检验，$p>0.1$（无意义）。]

同时，我将采用不同教学内容的幼儿园/托儿所做对照，以同一地区农村的两所托儿所的同年龄儿童相比，"甲"是上文说到的农村托儿所，按统一数学教学大纲进行早期教育，"乙"是工厂托儿所，"乙"托儿所的数学教学无要求，儿童出勤也较随便，结果两所托儿所的儿童掌握数概念与思维活动的水平都有较显著的差异（见表7-6）。

表7-6 两所农村托儿所的儿童掌握数概念对照

单位	5以内	10以内	20以内	50以内	100以内	100以上
甲	95.5%	95.5%	95.5%	82%	27.3%	未统计
乙	84%	84%	52%	10%	6%	未统计

[注：差异的检验，$p>0.1$（无意义）。]

在表7-6中，尽管我们看到6—7岁儿童在掌握数概念上存在着一定的年龄特征，但也清楚地看出不同的教育条件对于儿童掌握数概念是有明显影响的，说明早期数学教育在儿童数概念发展中起着主导作用。

表7-7 两所农村托儿所的6—7岁儿童思维活动水平对照

水平	甲	乙
直观—言语数概括	18%	42%
表象—言语数概括	82%	58%

[注：差异的检验，$p>0.1$（无意义）。]

从表7-7可以看到，不同教育条件不仅影响儿童对数概念的掌握，对数学知识的领会，而且直接影响儿童的思维水平即智力水平。有良好早期教育的儿童思维能力强，缺乏合理早期教育的儿童依靠直观实物的现象较多，这严重阻碍了他们抽象逻辑思维的发展。

通过调查，我曾发现初入学儿童中，一般来说，农村儿童的智力往往不如城市儿童的水平高。这并非先天的缘故。当时农村儿童的早期教育条件较差，大多数儿童几乎没有上过幼儿园，没有接受过采用统一大纲的教材的教学，这是影响农村儿童智力发展的重要因素。当时我国学前教育远远没有普及，也缺乏专门研究婴幼儿心理和教育的机构。

国内外心理学实验已证明，识字、阅读和数学的早期教学不仅适合学前儿童的身心发展水平，而且显著地发展了相应的智力。根据因素分析学的许多研究，智力的第一个因子就是语文能力（主要是词汇量），第二个因子是数学能力。众所周知，语文是接受知识、学习一切科学的工具，又是进行思维、表达思想、记录思维成果的工具。同样，数学也是学习一切自然科学与大多数社会科学、启发思维、进行思维与表达思维成果的工具。根据现代信息加工（处理）论的思维与学习原则，思维首先要学习、输入与储存信息（知识），学得多，记忆储存多，思维就容易，智力就发展，否则就难。孔子也说"思而不学则殆"。从学前期就适当地加强语文与数学等知识的早期教育，正是发展儿童思维与智力的根本途径。

有些人担心早期教育会抑制儿童的身体健康，甚至伤脑筋和短寿。在已有的早期学习实例（如中国科技大学的几期少年班学员和其他进行早期学习的儿童）中并未发现有这样的情况。临床医学上从未有用脑过度引起脑损伤而死亡的病例。我国历史上也有许多进行早期学习而成就很高的例子，如李白"五岁诵六甲，十岁观百家"，终年61岁。如果他不是一生嗜酒和晚年遭受迫害，可能享寿更长。白居易也是早期学习者，终年74岁。"初唐四杰"和李贺等人寿命虽不长，但他们的死因与早期学习无关，如王勃是溺水丧命，李贺是受打击迫害，含愤忧郁而死。

一些研究者曾用动物做了一系列实验，检查了早期学习的动物的大脑及其生理的变化。实验事实与一般猜想相反，早期丰富的环境刺激与学习机会不是损害而是促进了大脑的发展。用则进，废则退。大脑是在运动、实践中发育和发展起来的。那种认为学习必须在神经系统或大脑完全成熟后才能进行，否则不是损害发育就是难收成效的观点，也是没有根据的。神经系统或大脑比身体其他系统和器官都发展得更早、更快，而人出生后就在不断地学习，如认识周围环境中的人与物，熟悉生活与作息习惯，听话、讲话、穿衣、吃饭、走路、唱歌、跳舞、弹琴等。学习这些活动都需要用脑筋，而且难度要比读、写、算高。既然这些活动不必等身体或大脑完全成熟后才进行学习，也不妨碍身体或大脑的发展，那么适度地学习文化知识又何至于此呢?

在早期教育中,语文与数学是促使儿童思维与智力发展的两个最重要的因子。下面我就数学的早期教学问题专门提出一些建议。

五、从早期教育到早期数学教学

早期数学教学属于早期教育。联合国教科文组织早已明确地提出,要把幼儿教育作为未来教育的主要目标之一。2010年我国发布的《国家中长期教育改革和发展规划纲要(2010—2020年)》也指出:"学前教育对幼儿身心健康、习惯养成、智力发展具有重要意义。"

下面我从各国儿童早期教育观入手,再提些关于早期数学教学的建议。

(一) 早期教育的分期与各国儿童早教面面观

20世纪80年代中期,正当我的教改实验即培养学生思维与智力的实验蓬勃发展的时候,不少报刊登载了布卢姆(B. S. Bloom,1964)关于智力发展的研究材料,认为若以十七八岁达到的智力水平为100%计算,4岁时大约已发展到50%,4—8岁又发展了30%,其余20%是在8—18岁获得发展的。为此,我困惑至极。假如以此为结论,那么,好多科学问题会进入死胡同。

一是智力与知识经验的关系不大了,因为8岁后从小学到中学所获得的知识经验对智力作用甚微;而十七八岁时智力已达100%,大学的知识对智力则毫无意义了。

二是不好阐述智力的毕生发展观点,尤其是很难解释在布卢姆之后由卡特尔(R. B. Cattell,1965)和霍恩(J. L. Horn,1976)提出的流体智力(fluid intelligence)与晶体智力(crystallized intelligence)的理论(见图7-5)。

三是可以宣布智力开发的实验研究意义不大,学校教育包括教师对学生智力发展的作用就显得微不足道了。那么,我自己的思维和智力培养实验也

图7-5 晶体智力和流体智力的发展趋势图

受到了挑战。

当时我确实不太相信布卢姆的数据。我认为,宣扬布卢姆的智力发展观,目的是抬高"早期教育"的价值。我并不反对早期教育,我认为从幼儿园到小学,到中学,甚至到大学,教师的素质都是学生思维和智力发展的前提。然而,我不能因为要阐述早期"优育""优教"的重要性而忽视小学、中学和大学教育在人的思维和智力发展中的地位。为此,我更深入地进行智力培养的实验,从中揭示教师素质与学生智力发展的关系及其内在的影响机制。

2011年5月30日的《参考消息》第11版发表了"环球调查"的《各国儿童早教面面观》,对我启发很大。

美国是个重视早期教育的国家,早在20世纪80年代,美国教育发展研究所在《美国早期教育》一书中声称:"我们正处在很快将会涉及美国儿童早期教育的根本性发展的边缘。"美国教育部在其网站上也表示:"儿童在幼儿园之前的这段时期是其一生中影响认知的最重要的时期之一。"美国联邦政府敦促各州在儿童早期教育方面投入更多公共资金,提供更多的儿童早期教育机会,家长也应更加重视儿童早期教育。在一些专业机构如全美幼儿教育协会、美国蒙台梭利协会的协助下,美国各州、地方政府基本上都为学前儿童提供了或多或少的接受早期教育的机会。

日本早期教育也是有传统的。20世纪80年代井深大在其所著的《幼儿园教育晚矣》一书中指出,人类智力潜力的最大时期不在大学,也不在中小学,而在学前时期,必须从0岁开始就进行适当的训练。20世纪90年代，早期教育在日本开始升温。现在，早期教育在日本已经成为一个庞大的产业，出现了不少专业公司。例如，标榜开发儿童右脑的"七田儿童学院"（我对此持不同观点），在全国有460间幼儿教室。除大型公司外，各种小型的亲子教室也遍地开花。很多出版社都在致力于出版各种早期教育的教材，有的教材细化到根据月份来编写。但是，日本也存在对早期教育的批判声音，认为早期教育对婴幼儿和小学低年级学生不仅没有用处，反而有害。

英国在早期教育方面的理论和实践有着长期的历史积淀。在英国，对儿童进行早期教育是一种延续了近百年的传统。早在1923年，英国就成立了儿童早期教育协会，它协助父母对从出生到8岁大的孩子进行高质量的启蒙教育，而其中最重要的内容是让孩子在无忧无虑地享受童年乐趣的同时，及早发掘他们的兴趣点，以为今后进一步的学校系统教育提供更多的参考和选择。在英国大部分早期教育活动都带有普及性和公益性，目的是促进社会公平。例如，每周3次在社区图书馆组织的早期教育活动，大家都可以免费参加。

韩国大多数家庭亦从小就为孩子的成长进行规划。为了长大后能在激烈的社会竞争中拥有优势，许多韩国孩子从幼儿园开始就被送到各种课外培训班学习。"英语热"在韩国由来已久，流利的英语是青年人就业时的一项"利器"，而学习外语自然是越早越好。他们将孩子英语学习的起始时间点设在了胎儿时期，"英语胎教"最近几年在韩国大行其道。除英语外，还有跆拳道、游泳、篮球、钢琴、跳绳、轮滑、绘画、科学，兴趣班众多。但韩国的家长并不热衷于各种才艺的考证和考级。除了增加孩子的负担，还有什么好处？谁也没有搞过追踪研究。

我不想去分析我国五花八门的早期教育理念，也不去评价我国各种各样的早期教育方法。我认为对早期教育应持"一分为二"的观念，既要重视，也不能绝对化。轻率地提"不要让孩子输在起跑线上"，我不明白这个"起跑线"的含义是什么。

（二）给早期数学教学的几点建议

根据调查研究，我提出下面几条教育建议，以供办托儿所和幼儿园的教师开展数学教学时参考。

（1）托儿所与幼儿园的数与计算教学，应根据儿童的身心发展规律，特别是其年龄特征来进行，不应该千篇一律地都按照"实物→表象→抽象"的教学顺序，以保障儿童快乐健康地成长。

- 2岁之前，应该让儿童摆弄各式各样的玩具，让他们开展直观行动思维，从直观中逐步地发展关于空间大小、多少的知觉。
- 2—3岁，主要是以实物为主，以"直观→言语"教儿童认识数概念。开始教儿童数数时，教师可利用2—3岁是儿童口头言语发展的关键年龄的特点，编一些数数的顺口溜，让儿童喜欢上数数。
- 3—4岁，采用"实物→表象→数概念"教学，以物引数，给儿童实物，让他们点数，然后说出总数。
- 4—5岁，让儿童按数取物，强调言语对直观实物的指导作用。3—5岁这两年中，数学教学着重进行计数能力的培养。
- 6岁之后，在运用直观教具的基础上又尽量适当地脱离实物，进行"表象→言语"教学，让儿童理解数的实际意义、数的顺序和数的组成。

（2）整个托儿所与幼儿园的数与计算教学，都要培养儿童对周围数量与形体等事物、现象的爱好，激发他们的好奇心和求知欲；引导儿童运用各种感官，动手动脑，探究问题；特别是让儿童多运用语言，及早地教会儿童书写数字，并能运用语言以适当方式表达、交流数学运算过程和结果。尤其到四五岁时，这是儿童书面语言发展的关键年龄，更要让儿童多说、多写，让他们运用多种分析去沟通形象与语言两种系统的联系，以利于数概念的形成。

（3）采取多种有趣的教学活动方式，把数与计算教学和游戏结合起来，并开展一些丰富多彩的"计数""运算"比赛，以培养儿童对数与计算的兴趣，并在愉快的活动中接受这些知识。例如，某幼儿园举行"数学比赛"，参加的是中班儿童（4—5岁），比赛的内容是给物说数与按数取物。比赛一开始，儿童各就各位，每人前面是100多颗小石子，教师敲鼓，鼓声一响，儿童开始点物数数；鼓声一停，儿童也停下手来，然后每个儿童说出总数，看看谁数得又多又快又正确。接着是教师说出一个数字，儿童马上开始数起来，数完后马上举手，教师先计时间，后检查儿童取出的实物，同样看哪个儿童取物（数数）又准又快。通过类似的"游戏""竞赛"不仅能使儿童从生活和游戏中感受事物的数量关系，提高计数等能力，而且能培养他们对数学的兴趣，为他们在计数等运算中提高思维能力打开大门。

（4）对儿童的计数、运算要及时强化，肯定他们运算中的正确率和学习策略。强化的手段不仅有口头肯定，而且有适当的物质奖励。这样提高了记忆力，就为进一步运算打下了基础。北京师范大学"脑认知与学习"国家重点实验室在科学引文索引（SCI）期刊上发表多篇文章，提出并通过系列实验验证由早期学习经验塑造的"基于双重表征的算术脑"假设。这一假设指由于学习经验的影响，对加法、减法公式（如 $9+7=16$，$8-3=5$）主要采用视觉—阿拉伯数字表征，对乘法公式（如 $3×7=21$）主要采用听觉—言语表征。我们以早期算术学习经验为研究变量，采用行为实验和脑功能成像技术，比较全面地揭示了早期学习经验对大脑数学认知功能的持久性塑造作用，发现因学习策略不同，加减乘除的大脑活动模式出现分化，学习内容直接影响算术知识的长时记忆组织方式。

（5）5岁之后，在可接受的条件下，适当进行抽象程度增加的教学。例如，脱离实物的演算，掌握数的群集，即培养"20"以内数的分解组合的能力。例如，在大班进行"10"以内口头应用题教学中，可以将应用题只说出条件，让儿童提出问题，这是口头自编半成品的应用题。一位教师指着黑板左边4个梨，让儿童回答"4个梨"；又指着黑板右边3个苹果，让儿童回答"3个苹果"。教师还可以让儿童当老师，意思是让儿童来提问题，然后大家回答。这不仅能促使儿童的运算能力和独立思考能力迅速地发展,而且能促使儿童的口头言语水平不断提高。正是在这"数学"能力发展与"言语"水平提高的基础上,儿童的逻辑抽象能力与智力品质不断地发展着。

(6)为了避免幼儿园与小学"抢教材"的矛盾,幼儿园"数学教学"的重点可以放在培养儿童的思维活动水平和智力品质上。例如,要引导儿童早一点完成从"直观—言语数概括"向"表象—言语数概括"的发展;要发展儿童的运算思维结构,如守恒与可逆性,一块黏泥,先捏成"烧饼",又捏成"香肠",让儿童判断"大小",看看大小守恒。类似的活动可让儿童判断不同数量、粗细、重量及其之间的关系,发展他们的守恒能力。又如,让儿童判断图7-6中有几个正方形、几个长方形,从不同方向判断图7-7中有几个正方体等,以此来发展儿童的判断、观察与空间想象力。再如,给儿童6个石子,让他们排成一个三角形,使每边的石子一样多(见图7-8),这不仅能发展儿童的空间想象能力,而且能发展儿童的逻辑推理能力。

图7-6　　　　　图7-7　　　　　图7-8

第八章　小学生数学学习与智力发展

小学生（6—12岁）踏进了学校，开始以学习为主导的活动。

小学是打基础的阶段，小学教育是国民教育的基础。数学是一门主课，是小学生掌握各种科学知识的基础之一。促进数学基本概念和运算能力的提高，也是发展小学生智力的需要。

一、小学生数学智力的发展

小学生在学前时期发展的基础上，进入学校，以学习作为自己的主导活动。学习是一种有目的、系统地掌握知识技能和行为规范的活动，是一种社会义务。儿童在完成学习任务的过程中，也改变着自己与周围世界的关系，从而不断发展着自己的智力与全部心理活动。

从小学生整个智力活动的发展来看，主要是从口头语言向书面语言过渡，从具体形象思维向抽象逻辑思维过渡，这个事实制约着小学生智力各个方面的发展。在感知方面，有目的、有意识的知觉和观察能力，空间知觉和时间知觉的水平都在不断发展，这就为儿童在学习中比较精确地分析、综合各种事物提供了基本条件。在记忆方面，虽然无意识记、机械识记、具体形象识记还起着重要作用，但是在教学要求下，有意识记、理解识记、抽象逻辑识记都在迅速发展着。在思维方面，小学生从以具体形象思维为主要形式逐步过渡到以抽象逻辑思维为主要形式，当然，这种抽象逻辑思维仍然具有很大的感性经验的成分。在想象方面，由于抽象逻辑思维的发展，想象的有意性、创造性和现实性的成分都在日益增长。

小学数学（主要是算术）教学需要小学生有一定的智力基础，又促进他们的智力迅速发展。小学生开始系统地学习数学，逐步掌握运算法则。他们不但要思考、解决各种问题，特别是应用题，而且要注意如何思考和发现事物的本质联系。他们不但要记住那些应该记的公式、定义和性质，而且要注意如何识记和熟记，以便记得更好。这就促使小学生在掌握数概念与运算的过程中，发展心理过程的自觉性与有意性，使他们的运算能力得到逐步提高。小学生的运算能力与智力发展、思维能力发展的总趋势是完全一致的。

（一）小学生数概括能力的发展

如前所述，掌握概念主要是和儿童青少年知识的积累、智力的发展相联系的，而概括的水平是掌握概念的直接前提。我在自己的研究中，以小学生数概括能力的发展趋势来分析他们数概念的发展水平。

研究确定小学生数概括能力发展水平的指标是：①对直观的依赖程度；②对数的实际意义（数表征范围）的理解；③对数的顺序和大小的认识（认知）；④数的组成（分解组合）；⑤对数概念扩充及定义的展开。我根据这五个指标分析研究结果，确定小学生数概括能力为五个等级。

第一级是直观概括水平。依靠实物、教具或配合掰手指头来掌握10以内的数概念，离开直观，运算就中断或发生困难。

第二级为直观形象概括的运算水平。属于这一级水平的学生，进入了"整数命题运算"阶段。达到的指标有三个，即掌握一定整数的实际意义、数的顺序和大小以及数的组成。这一级又可细分为若干不同的小阶段，例如，"20"以内的数概念，"100"以内的数概念，"10000"以内的数概念，整数四则运算概念等。这个阶段由于经验的局限，尽管有的运算，数的范围可以超过他们的生活范围，但由于缺乏数表象而不能真正理解所有运算的数的实际意义。

第三级是形象抽象的运算水平。属于这一级水平的学生处于从形象概括向抽象概括发展的过程中，其达到的指标如下。

- 丰富的数表象与数的实际意义在学生思维中结合起来，形成这个阶段新的概括的特点：掌握大量数的实际意义，不仅掌握多位整数，而且掌握分数，简单正负数的大小、顺序和组成；能综合属数概念，形成种数概念；能掌握整数和分数概念的定义。
- 空间表象得到发展，使这一级水平的学生能够从大量几何图形的集合中概括出几何概念，并掌握一些几何体的计算公式和定义，这是这一级概括水平的重要指标。正因为如此，这一级水平又可称为"初级几何命题运算"。

第四级为初步的本质抽象概括的运算水平，即初步代数的概括运算水平。这一级水平的学生达到的指标如下。

- 不仅掌握算术运算中的"子集合"，而且掌握算术范围内的"交集合"与"并集合"思想，例如求公倍数和公约数的运算，实际上是掌握"交"与"并"的关系。
- 用字母的抽象代替数字的抽象，例如，初步接触列方程解应用题。
- 完全能在思维过程中运用分析法和综合法来解答"典型应用题"，出现组合分析的运算，掌握数量之间的多种关系。

第五级为代数命题概括运算。这一级水平的学生能根据假定进行概括，完全抛开算术框图进行运算，但达到这一级概括水平的学生在小学阶段是极少数的。

这五个等级可以反映小学生的运算概括水平发展的概况。小学生在运算中是以具体形象概括为主要形式过渡到以抽象逻辑概括为主要形式的。这种概括仍具有很大成分的具体形象性。

小学生的概括水平是如何发展的呢？一般地说，一年级在学前期思维的基础上发展起来，基本上属于直观形象概括；二、三年级从直观形象概括向抽象概括过渡，且大部分学生在三年级完成了这个过渡；四年级产生了一个突变，四、五年级的大部分学生可以进入初步的本质抽象概括的运算水平，有少数学生在良好的教育影响下开始向初步代数命题概括运算水平发展。当然也有少数学生概括能力不强，局限于低级的概括水平，这就属于个别差异。

（二）小学生命题能力与运算法则的发展

1. 小学生命题能力的特点

我在研究中发现，小学生命题运算形式的发展趋势有四种。

- 肯定（p）。例如，$p=150=70+80$，小学生很快做出肯定的回答。
- 否定（$\bar{p}$）。例如，$p=$ "31 是偶数"，否定这个命题，得出另一个命题：$q=$ "31 不是偶数"。命题 q 叫作 p 的否定。小学生在命题运算中，尤其是检验答数时，否定错误的命题，或检验错误，容易对正确答案做出否定。
- 合取，$p \wedge q$（p 而且 q）。例如，小学生判定 $a=36$ 是 12 的倍数并且是 9 的倍数。
- 析取，$p \vee q$（p 或者 q）。例如，小学生判定 $a=15$ 不是 21 和 14 的公倍数就是 3 和 5 的公倍数，只有一个是对的。对概率概念的掌握也是如此，学生判断掷 2 个骰子，出现的概率是"或是 2 点，或是 3 点，或是 4 点……或是 12 点"，共有 11 种可能。

小学阶段，不同年级（年龄）的学生掌握这四种命题的演算形式的能力（水平）是不一样的。小学生对不同的命题演算形式表现出不同的能力，他们掌握不同的命题演算形式的趋向（顺序）是：肯定→否定→合取→析取。整个小学阶段，从四年级起小学生明显能够掌握合取和析取命题的演算形式。

2. 小学生运算法则的特点

与小学数学命题相关联的是法则运算。思维过程是遵循一定法则的，思维法则是对事物的客观规律的反映。小学生掌握数概念与运算思维时应遵循的法则很多，主要运算法则有四种，即交换律 $\{x \wedge y = y \wedge x\}$，分配律 $\{x \wedge (y \wedge z) = (x \wedge y) \vee (x \wedge z)\}$，结合律 $\{(x \wedge y) \wedge z = x \wedge (y \wedge z)\}$，二重否定律 $\{\neg(\neg x) = x\}$。

以运用运算法则的范围与正确率为指标,小学阶段掌握运算法则可分为三级水平:①在数字演算中运用运算法则;②在简单文字演算中运用运算法则;③在代数式和几何演算中运用运算法则。这里只分析前两级水平的结果。

由表 8-1 可见,80%以上的一年级小学生从入学的第二学期起,就可以在简单数字演算中运用交换律、结合律和分配律。

表 8-1 不同年级小学生运用运算法则的能力发展

年级	交换律		结合律		分配律		二重否定律	
	数字演算	文字演算	数字演算	文字演算	数字演算	文字演算	数字演算	文字演算
一	83.3%	—	80%	—	80%	—		
二	90%	83.3%	86.7%	40%	83.3%	40%		
三	100%	90%	100%	70%	96.7%	73.3%	—	
四	100%	100%	100%	100%	100%	100%	23.3%	13.3%
五	100%	100%	100%	100%	100%	100%	86.7%	76.7%

经过二年级的过渡,三年级的大部分小学生能在简单文字演算中运用交换律、结合律和分配律。四年级以后逐步掌握算术运算中的二重否定律。二重否定律的掌握,是小学生运用运算法则能力中的一个转折点(飞跃期)。

(三)小学生推理能力的发展

小学生推理能力的发展,主要表现在归纳推理与演绎推理两种能力上。

1. 归纳推理能力的发展

在运算中,小学生的归纳推理可以分为四级水平。

第一级(Ⅰ)是算术运算中直接归纳推理,即通过直接观察简单数字运算中所提供的算式一步归纳出演算原理。例如,习题中问:"6+0=6,8+0=8,19+0=19。这说明什么?"小学生能正确回答:"任何数加 0 等于原来的数。"

第二级(Ⅱ)是简单文字运算中直接归纳推理,即在字母抽象的简单运算中，一步推出演算原理。例如，学生面对一组等式"$x=y$，$x+a=y+a$，$x+b=y+b$，$x+c=y+c$"，能正确地归纳出"等式两边加上一个相同的数，等式仍然成立"这一结论。

第三级（Ⅲ）是算术运算中间接归纳推理，通过复杂的运算和复合应用题的运算，归纳出结论或原理和计算公式。例如，学生通过多步骤的分数运算找出分数性质。

第四级（Ⅳ）是初步代数式的间接归纳推理，或多步归纳推理。例如，学生从多次初步代数式演算中，正确归纳推理出一数随另一数变化的原理。这种逻辑推理实际上说明他们归纳了 $y=f(x)$ 的初步函数关系。

研究表明，不同年级（年龄）的学生在运算中归纳推理的能力是不一样的。一年级学生大部分可以在简单算术运算中进行直接归纳推理；二、三年级半数以上的学生能在简单文字演算中进行直接归纳推理；四、五年级的多数学生可以在复杂的算术中进行多步骤的间接归纳推理，并有少数学生进入初步代数式的间接归纳推理水平。

2. 演绎推理能力的发展

在运算中，小学生的演绎推理也可以分为与归纳推理相应的四级水平。

第一级（Ⅰ）是简单算术原理、法则直接具体化的运算水平。例如，小学一、二年级学生掌握简单应用题的类型后，遇到各种应用题，就能按类正确地进行演绎运算。

第二级（Ⅱ）是简单算术原理、法则直接以字母具体化的运算水平。例如，二年级学生学习交换律后，能用"$a+b+c=c+b+a=a+c+b$……"来表示，遇到能运用交换律演算的习题时，就能正确地按照法则进行演绎推理。

第三级（Ⅲ）是以算术原理、法则和公式作为大前提，要求合乎逻辑地进行多步骤和具体化推理，正确地得出结论，完成算术习题。

第四级（Ⅳ）是以初等代数或平面几何原理为大前提，进行多步骤演绎推理，得出正确的结论，完成代数或几何习题。

研究表明，不同年级（年龄）的学生在运算中演绎推理的能力也是不一样的。一年级的大部分学生可以将简单算术原理、法则作为大前提进行演绎运算；二、三年级 70% 以上的学生能用字母表示简单公式、原理和法则，并加以具体化；四、五年级的多数学生可以在算术范围内，将原理、公式进行多步骤演绎和具体运算，并开始掌握一些初等代数或平面几何原理的演绎运算。

我将小学生在数学运算中掌握归纳推理与演绎推理能力的成绩或数据加以统计计算，获得这两种推理能力的相关系数 $r=0.89$，系高度相关。小学生掌握两种推理形式的对比如图 8-1 所示。

图 8-1　小学生归纳推理与演绎推理能力发展的对比

研究结果表明，小学生在运算能力的发展中，掌握归纳与演绎两种推理形式的趋势与水平是相近的。

（四）小学数学教学要从学生运算思维能力的年龄特征出发

小学生在运算中，整个思维能力、智力的发展趋势随着年龄和年级的增长，表现为各种能力的提高，抽象度加大，智力的步骤简化，思维过程的正确性提高，合理性、逻辑性与自觉性增强。数学教学的内容和方法要注意这一变化，要有的放矢，从小学生思维能力的实际出发，逐步加大难度。这不仅有利于学生知识水平的提高，也有利于他们智力的发展。

从上面各种能力的发展来看，四年级在学生的概括能力、命题能力、运用法则能力和推理能力的发展中是一个显著的变化时期。这是小学阶段的关键年龄，是小学阶段从以具体形象思维为主要形式过渡到以抽象逻辑思维为主要形式的一个转折时期。小学数学教学要重视这个关键年龄，要采取合理的教育措施，促进小学生运算思维能力早日实现突变，提前实现转折，这是小学数学教学的重要任务之一。

二、小学生数学能力发展的近期研究

对小学生数学能力发展的研究，也是我们团队近期研究的较有特色的课题。

（一）小学生数量表征能力的进一步发展

在小学低年级阶段，儿童的数量表征进一步精确，实现了从对数表征到线性表征的转变。对数表征和线性表征是近年来研究者们对儿童数量表征精确性程度的典型表述。在年龄较小时，儿童的数量表征是不精确的，存在对客观数量的对数压缩。也就是说，他们在心理表征中会扩大小数之间的差距而缩小大数之间的差距。因此数量越大，他们就越难区分。随着年龄的增长，他们的数量表征逐渐趋于线性，即无论较大的数字还是较小的数字，其两个相邻数字之间的距离都是相等的（Dehaene，1997）。

对于儿童这种数量表征能力的考查，一般使用数字线任务。即给儿童一条特定长度的线段，让他们标出特定数字应在的位置或者特定位置对应的数字。我的弟子陈英和教授等人在研究中同样使用数字线任务考查儿童数量表征能力的变化，发现中国儿童的数字线表征同样存在从对数模式（根据数字判断位置任务符合对数函数模型）或指数模式（根据位置判断数字任务符合指数函数模型）到线性模式的转变，这种转变主要发生在小学低年级阶段（张帆，赖颖慧，陈英和，2015）。

（二）小学生计算策略及与基本认知功能发展的关系

计算是小学生数学能力发展中最为重要的一个环节。在各种难度的计算中，可以使用的策略是相当多样的。计算策略的选择是一种复杂的认知加工活动，是儿童数学能力的一个典型表现，也与儿童基本认知功能的发展有密切的关系。

赵宏、陈英和对小学儿童计算策略的特点及与基本认知功能之间的关系进行了系统的研究。研究发现，小学四年级儿童在多位数乘法计算中使用了多达12种策略，如提取、列竖式、重复相加等。绝大多数儿童使用了2种或2种以上的策略。其中工作记忆广度较高的儿童对策略的选择更加灵活有效，他们能够根据不同的题目难度和特点选择最佳策略，表现出更强的适应性（赵宏，陈英和，2010）。

除了工作记忆之外，儿童的执行功能也与计算策略的选择和使用能力有关（赵宏，陈英和，2010）。抑制能力强的儿童策略执行的正确率更高，他们能够在受到干扰时更多选择提取策略。而抑制能力弱的儿童则更少使用交换策略和分解策略来解决加法问题，他们的策略执行正确率也比较低。

（三）小学生分数概念的发展

分数是小学中年级数学教学的重点内容。分数知识的学习，特别是对分数概念的理解，对小学儿童的思维水平提出了较高的要求和挑战。虽然正式学习有关分数的数学知识要到小学中年级阶段，但儿童对于分数概念的理解从很早就开始了。首先，从几个月大的时候起，婴儿就可以分辨不同比例的物体集合，他们对于比例有一种天生的敏感性（McCrink & Wynn, 2007）。其次，分数或比例广泛地存在于日常生活，因此在儿童的个人经验中得到了积累。儿童在日常的等分、比例比较等问题上表现出了分数认知的萌芽。进入小学中年级后，儿童开始学习正式数学符号系统中的分数，有关的知识和能力在之后的几年间迅速增长。至少从三年级开始，他们已经能够根据分数的值，按从小到大的顺序自左至右地将分数表征在心理数字线上（辛自强，李丹，2013）。

针对最初阶段的分数符号理解，张丽等人使用数字线任务考查了三至六年级儿童的分数数量表征特点，发现三、四年级儿童的分数数字线没有明显的线性表征或对数表征倾向，但到了五、六年级，儿童则主要采用线性表征（张丽，卢彩芳，杨新荣，2014）。这意味着，可能只有到了五、六年级之后，儿童才能真正理解符号分数的含义，更加准确地表征分数的实数值。

有人提出，学生对于分数的理解要经历从低到高的三个层次，其分别为：①将分数表征为两个相互独立的自然数，即无法理解分数符号的含义；②将分数表征为"部分—整体"关系；③将分数表征为两个数的比例（Stafylidou & Vosniadou，2004）。基于这一框架，刘春晖和辛自强对中国学生分数概念的发展进行了系统研究，分析了199名五至八年级学生的分数概念发展情况及错误概念类型（刘春晖，辛自强，2010）。结果发现，中国学生对分数概念的理解情况良好。五年级有19.2%的学生处于第一层次，而有34.6%的学生达到了第三层次；八年级只有3.7%的学生处于第一层次，有74.1%达到第三层次。但同时，学生在实验中表现出的错误还是反映出他们对于分数存在一些错误理解，其中特别典型地表现为难以彻底摆脱已经熟悉的整数表征，常常将其误用到对于分数的理解中，即整数偏向。

在学习分数的早期阶段，儿童表现出的最突出的问题就是整数偏向。也就是说，他们会用之前熟悉的整数图式来理解分数，倾向于使用独立单元计数来理解分数，因此常常会把分母大的分数误认为较大。这时，如果使用离散物体为其提供具体形象的分数材料进行练习，能够促进其对分数符号的理解，降低整数偏向，其干预效果比使用数字线要好（辛自强，刘春晖，2013）。

此外，我们的团队还对小学儿童分数认知中的其他问题进行了研究，得到了一些有价值的结果。例如，研究发现，一至三年级儿童在等值分数任务上同样受到整数等值思维的干扰，其相对量概念的发展还不够成熟（辛自强，韩玉蕾，2014）。而且，四至六年级的儿童都能够使用2种以上的策略进行比例推理（赖颖慧，尹称心，陈英和，2016）。

（四）小学生应用题表征水平的特点与发展

数学应用题是指用自然语言陈述并通过执行数学运算才能解决的问题

情境，是小学数学中重要的问题形式和教学内容。解决数学应用题最为关键的步骤是正确表征题目中的数量关系，这些数量关系包含了解决问题所需的所有条件。不同的数量关系在表征难度上存在差异，例如，语义含义和等级复杂性都会影响分数乘法应用题的表征难度。其中比较含义的表征比组合和转换更难（张皖，辛自强，陈英和，胡卫平，2016）。这可能是因为小学儿童将乘法运算更多地理解为某个量的累加，而乘法应用题中的比较关系与累加含义相距较远。基于这些研究结果，辛自强等人编制了"基于关系—表征复杂性模型的数学应用题表征能力测验"，用于测量儿童的应用题表征能力（辛自强，张莉，2009）。

另外，在解决应用题时，个体建构问题表征的形式可以是问题模型，即从题目中只抽取与问题解决相关的信息，如对象，数量等；也可以是情境模型，即从题目中抽取便于自身理解的信息，包括行动、事件等情境信息。研究发现，四至六年级学生在问题理解阶段更多地使用情境模型来表征问题，而在执行阶段则放弃了很多情境信息，转而使用问题模型。学优生对于问题的表征更集中于与解决问题直接相关的信息，并且这种能力随年级的升高而不断增强。而学困生则常常难以识别多余的条件，而且这种情况并没有随着他们年级的升高而改善（仲宁宁，陈英和，王晶，2014）。此外，随着题目难度的加大，各表征水平的学生在解题正确率上的差距也在不断拉大。题目越难，表征水平的作用就越明显（仲宁宁，陈英和，张晓龙，2009）。

（五）小学生数学情绪体验与数学成绩

儿童的数学能力存在明显的个体差异，其中一些与前面所述的基本认知功能的发展有关，而另一些则与非认知因素相关。在影响数学能力发展和数学学业表现的非认知因素中，数学情绪体验受到了最多的关注。数学情绪体验是指与数学学习过程、数学学业表现等直接联系的各种情绪，如享受数学学习、为数学学习的成功而自豪或与数学相关的考试焦虑等。

我国儿童的数学情绪体验至少从幼儿园大班开始就有所表现（赖颖

慧，邓小婉，黄大庆，陈英和，2016）。在面对自己比较熟悉和擅长的非符号数学任务时，大班幼儿与小学一、二年级儿童有较积极的情绪体验，但这种积极情绪在三年级左右消失。同时，儿童对于符号性数学任务的消极体验随年级升高而增长。对于讲课和解题情境的图片，三年级儿童表现出显著的负性情绪。小学儿童对于数学任务和讲课情境的这种情绪体验能够负向预测其数学成绩，情绪越负面，数学成绩越差。

在影响数学能力发展的情绪体验中，数学焦虑受到了最多的关注。数学焦虑是指在面对与数学相关的情境时产生的不安、紧张、畏惧、担忧等负性情绪体验。我们的研究发现，小学五年级儿童的数学焦虑影响数学成绩，焦虑程度越强，数学成绩越差，并且数学焦虑是通过影响工作记忆来影响儿童在数学任务上的表现的（崔吉芳，李嫩晓，陈英和，2011）。同时，数学焦虑也会影响儿童对于数学的元认知水平，继而影响其数学成绩（周双珠，韩瑽瑽，陈英和，2014）。

（六）数学学习困难小学生的特点分析

数学学习困难是指一部分儿童的一般智力正常，无明显感官缺陷或情绪障碍，与同龄人一样接受正常的数学教育，但他们的数学能力明显落后，数学成绩显著低于同龄人。陈英和教授的研究团队对我国的数学学习困难儿童进行了长期的研究，得到了多项有价值的成果。在他们的研究中，数学学习困难儿童在二至六年级的检出率分别为 8.03%，2.26%，3.00%，2.75%，3.32%（黄大庆，陈英和，2016）。可见，数学学习困难在小学低年级就有明显的表现。数学学习困难儿童的数学认知能力随年级升高而缓慢增长，但整体上仍然落后于普通儿童。

数学学习困难儿童在数学认知上的落后表现在多个方面，他们在数字线估计任务上的精确性低于普通儿童，他们在二年级时还使用指数表征形式（韩瑽瑽，张静，黄大庆，2010）。此外，他们在符号与非符号数量转换（张丽，蒋慧，赵立，2018）、空间能力（赖颖慧，朱小爽，黄大庆，陈英和，2014）等方面也存在发展滞后的现象，能力低于普通儿童，并且在应用题解决过程中缺乏监控过程和检查结果等元认知技能，执行计划的有效性也比较差（郝嘉佳，齐琳，陈英和，2011）。

有研究者对数学学习困难儿童的基本认知功能进行研究，发现他们从长时记忆激活区和从直接存取区提取信息的能力均显著低于普通儿童，但注意焦点转换能力与普通儿童没有显著差异（陈蒲晶，张静，陈英和，2011）。

三、提高小学生解答应用题的能力

小学数学中的应用题，分量重、篇幅大、种类多，分布于各个年级，每个学期都安排了相当的课时进行应用题的教学。研究小学生解答应用题的能力，是研究小学生运算思维能力与智力的重要组成部分；提高小学生解答应用题的能力，不仅是提高小学教学质量的需要，而且是发展小学生智力与思维能力的重要途径。

常见的小学数学应用题有整数应用题与分数应用题等。小学生掌握整个应用题的思维活动总趋势一般要经过四个阶段：掌握一步应用题，掌握两步应用题，掌握两步或两步以上的典型应用题，掌握应用题的各类结构进行综合运算。在小学应用题的教学中，必须切实抓好一步和两步应用题的教学，因为一步应用题是基础，两步应用题是关键。"基础"和"关键"抓得好，解决各种比较复杂的应用题才有基础。

小学生解答应用题的能力还应包括对应用题规则性的理解和心理表征策略的掌握等心理能力方面。前者不仅指学生能理解并解决规则应用题，而且在解题过程中能深入思考现实情境与数学操作（生活知识的应用）之间的关系；后者主要指如何建立教学心理表征，更好地掌握直接转换策略和问题模型策略。

（一）一步应用题是解答复合应用题的基础

一步应用题是从具体的列式计算题向应用题转化的第一步。解答一道应用题，不能像列式计算题那样明确加、减、乘、除的计算方法，而是需要学生自己判断该用什么方法，这就是思维活动的表现，是完全地掌握一步应用题的指标。它不仅要求学生正确解答一步应用题，而且必须进一步使学生透彻理解条件与问题的关系，这就是要求什么数必须具备什么条件，有了什么条件可能会出现什么问题。因此，应用题的出现可以考查学生揭露事物关系与本质联系的思维能力。

小学生解答一步应用题的能力有一个发展的过程。深入分析其形成过程及其条件，可以看到下面的几个特点。

（1）不同类型的一步应用题的结构、性质，要求不同的思维方法，解题过程表现出不同的思维能力水平。要完全掌握一步应用题，需要先知道两个数量的关系。如果求两个数的和，必须知道两个加数各是多少；要求两个数的积，必须知道两个因数各是多少。但这样还不够，还必须进一步引导学生初步理解加、减、乘、除算式上的三量关系，也就是加与减之间的关系、乘与除之间的关系。

例如："甲班有少先队员30名，乙班有少先队员15名，问……"如果问，"两个班共有多少名少先队员？"答案是：30+15=45（名）。

根据这个算式，可提出两个减法问题：①"两个班一共有45名少先队员，已经知道甲班有30名，乙班有多少名？"②"两个班一共有45名少先队员，已经知道乙班有15名，甲班有多少名？"这样，加、减与和、差之间三量的逆运算关系就比较清楚了。

同样，如果问："甲班的少先队员数量是乙班的几倍？"答案是：30÷15=2。根据这个算式，也可提出两个新的乘、除问题：①"甲班有30名少先队员，甲班的少先队员数是乙班的2倍，乙班有多少名？"②"乙班有15名少先队员，甲班的少先队员数是乙班的2倍，甲班有多少名？"这样，乘、除与积、商之间三量的逆运算关系也就明白了。于是，加、减、乘、除一步应用题彼此有了联系，这就是在学习全面地看问题，灵活地运用知识。一步应用题，如果能达到这个程度，再学两步、三步乃至比较复杂的应用题，才算有了可靠的基础。

(2) 在学生的运算中，正条件题目（即顺向性题目）比反条件题目（即逆向性题目）的正确率要高。因此，要完全地掌握一步应用题，要求以不同思维方法对待不同类型的应用题，特别是引导学生善于分析逆向性题目的条件。

例如："哥哥与弟弟一起去割草，哥哥割了 20 千克，弟弟割了 10 千克，他俩一共割了多少草？""有两条绳子，第一条长 2.5 米，它比第二条短 1.5 米，第二条长多少？"这两道题都是一步加法应用题，可是我在实验研究中发现，一年级小学生顺利地解答了第一题，而有近半数学生对解答第二题感到困难。可见，在解答"比多""比少"应用题时，掌握顺向性题目容易，掌握逆向性题目困难。

过去曾有人认为一年级小学生对以问题形式表达的应用题不容易理解，主张到三年级时再教，也有人主张干脆不教。我认为，从顺向（单向）向逆向发展，是思维方向发展的顺序，何况小学生对逆向应用题感到困难的原因，还可能出自他们只习惯于解答直接叙述的"比多""比少"应用题，形成了思维活动的惰性，对以后解答间接叙述的应用题产生了阻碍作用。所以，为了从小发展儿童智力的灵活性，提高他们解答应用题的能力，应该从一年级起，经常让他们做综合各种类型的应用题：既有各种结构的加法题，又有各种结构的减法题；既有直接叙述的题目，又有间接叙述的题目。这种多样化的综合性题目对培养小学生思维活动的灵活性和独立性是有很大帮助的。

(3) 提问的能力要落后于应用题的一般计算能力。

例如，前面提到过的应用题："甲班有少先队员 30 名，乙班有少先队员 15 名，……"如果将省略号改为问题，如"甲班的少先队员比乙班多多少？"，那么学生可以毫不费力地计算出正确的答案。但要求学生自己提问题，却使好大部分的一年级小学生发呆、束手无策。可见，在解答一步应用题时，小学生的思维是从被动到主动的。因此，有经验的数学教师正是从学生一入学起，就启发他们"提问题"。要使小学生完全地掌握一步应用题，不仅要使他们学会根据两个数进行计算，还要引导他们善于提出多方面的问题，灵活地运用知识。这也为他们今后学习复合应用题与自编应用题打下了可靠的基础。

（二）两步应用题是解答复合应用题的关键

由于解答两步应用题所要求的两个数往往直接说明一个，间接说明一个，也就是把解决问题必须具备的一个数隐藏起来，这就需要学生在思维活动中多一个中间环节，这个数不能靠直接判断，而是依靠推理形式，离开直接题意，用内部言语在心里进行"心算"活动，把这个数找出来。只有这样，才能进一步完成计算任务。这是掌握两步应用题的指标。

还是以前面的题为例，将题目改为："甲班有少先队员30名，乙班比甲班少15名，问甲、乙班共有多少名少先队员？"这道题与前面说过的一步应用题有相同之处，都属于"比多少""求和"的习题，求两个班少先队员的总数用加法，所不同的是这道题缺少乙班的少先队员数。乙班有多少名少先队员呢？题目里没有直接说明，而是给了寻找这个数的线索——乙班比甲班少15名少先队员。甲班少先队员数已经知道了，那么，30-15＝乙班的少先队员数。这样求两数之和的条件就具备了。30+15＝45（名）。列成综合算式：30+(30-15)＝30+15＝45（名）。两步应用题就是这样形成的。

在两步应用题计算中，重要的方法是从分步列式到综合列式。这样就突出了两步应用题的特点：它是由两个一步应用题组成的，要分析两个一步应用题所具备的数量间的相依关系。真正使小学生理解两步应用题数量间的相依关系，理解两步应用题中要求什么数，必须具备什么条件，有了什么条件，就必须是或可能是求什么数，这些都是比较困难的。某小学一位有经验的教师分析过这么一道题。

"工厂计划生产1200套制服，已经完成了$\frac{3}{8}$。"根据这两个条件，不是要求已完成多少套$[1200\times\frac{3}{8}=450（套）]$，就是要求还有多少套没完成$[1200\times(1-\frac{3}{8})=750（套）]$，两者必居其一。问题的发展需要哪个条件，必须看问题最后要求的是什么数。如果说余下的限10天完成，那就把余下的套数先求出来，如果说："工厂完成$\frac{3}{8}$的任务只用了9天时间，余下的要10天完成，平均每天要生产多少套？"这就不仅需要已完成450套这个条件，也需要没完成的750套这个条件。

上面是从已知条件出发，出现了什么条件，就知道可以求什么数。反过来，从问题出发，出现了什么问题，就确定必须找到什么条件。

如："……余下的要10天完成，平均每天要生产多少套？"要解答这个问题，必须找到"还余下多少套"这个隐蔽条件。因为10天这个条件，题目里说明了。要想算出余下多少套，必须知道计划生产多少套，已经完成了多少套。计划生产1200套，题目里说明了。已经完成了多少套，这个隐蔽数还必须找出来。题目里说，已经完成了$\frac{3}{8}$，$1200 \times \frac{3}{8} = 450$（套）。余下多少套？$1200-450=750$（套）。平均每天生产多少套？$750 \div 10=75$（套）。这样，便顺利地把问题解决了。

教两步应用题不仅要使学生懂得并掌握要解决一个问题必须具备什么条件，还要培养学生分析推理的能力。题目中倘若缺一个条件，就要根据数量关系进行分析推理，把它找出来。两步应用题的教学对于培养学生的分析推理能力起着重要作用，因此，我认为两步应用题是分析解答应用题的关键。有的学生对解答两步以上的应用题感到困难，甚至不知从何处下手，就是由于教师进行两步应用题教学时，没有使学生很好地掌握分析推理的方法。遇到此类学生，教师还应从解答两步应用题的能力训练入手。

（三）掌握应用题的各类结构进行综合运算

学生必须掌握各种复合应用题的各类结构，进行综合运算，使解答应用题的能力系统化、智力活动"简约化"。

掌握两步或两步以上的典型应用题，是综合运算的显著表现。掌握典型应用题的指标，是要求学生用一定方法解答有某些特点的复合应用题，需要进一步分析问题中已知和未知条件间的数量关系。典型应用题在形式上有它的特征，在计算上有它的规律。学生必须认识这个特征，掌握这个规律，较全面地思考问题，灵活地运用知识与技能。教师在教学典型应用题时应使学生明确各种知识结构，使他们理解常见的几种典型应用题，如平均问题、归一问题、倍比问题、按比例分配问题、和倍问题、差倍问题、和差问题和行程问题等及其特征，让他们及早了解与掌握运算规律，以提高解答应用题的能力。

当小学生多次进行各类应用题运算活动以后，就出现了思维过程的新指标，即"概括—系统化"与"抽象—具体化"。例如，能举一反三地拆题为两步、三步、多步计算和合并为一步计算，即掌握应用题的各类结构，进行综合性的运算。这一思维活动的各个步骤或推理过程逐渐简约化或省去某些"环节"，以较高的速度进行运算。

自编应用题在任何应用题的教学中都是必要的，它是一种分析问题的重要思维形式。指导学生自编应用题不仅是引导学生突破应用题难点，使学生进一步理解数量间相依关系的有效办法，而且是提高学生思维的独创性品质的重要途径。在编题过程中，学生能进一步体会一道两步、三步与多步的应用题是怎样用简单的一步应用题组成的，因而当他们遇到一个两步、三步与多步应用题时，便会分解为几道一步应用题或分步解决；同时，学生能在解答两步、三步与多步应用题时综合列式，一步综合所有的问题。如此反复进行，通过自编应用题，学生的分析综合能力就不断获得提高。

小学生解答应用题的能力就是在上述过程中提高的。他们的思维结构在这个基础上逐步系统化与条理化，并省略烦琐的步骤，趋于"内化"，且他们思维的智力活动的"量"逐渐"简化"。

(四) 数学应用题规则性的研究

近些年来，我的弟子陈英和教授一直在对学生应用题的规则性问题进行深入研究。她指出，文字应用题即一般应用题是连接数学知识与现实情境的一种练习任务。陈英和等人通过对国内外相关研究的介绍和分析，说明了学生对课本上规则应用题的解题成绩要好于与现实生活情境更为接近的不规则应用题。规则应用题的形式、学生的心理表征、教师的态度和师生关系等方面的原因,导致学生无法对非规则应用题的情境进行分析(陈英和,仲宁宁,赵延芹,2003)。

陈英和等人指出了规则应用题的局限,并对今后的教学改革提出了一些建议。

文字应用题是一种与实际生活情境相联系,要求主体选择运算形式并执行计算以解决问题的任务。它是数字题的延伸和拓展,这类题目不仅可以锻炼学生的计算能力,更重要的是在接近现实的情境中锻炼学生的数学判断和推理能力,从而达到培养学生数学思维和提高现实问题解决技巧的目的。但现在大多数课本上的应用题忽视了对题目中现实情境的深入思考,演变成一种简单锻炼学生计算能力的练习题,这与应用题设计的初衷有一定差距。

陈英和等人按照人们对应用题功能的不同理解,将其划分为规则应用题和不规则应用题。所谓规则应用题是指那些在传统的数学课堂中经常出现的应用题,这些题目形式刻板、规范,且一定有解,学生只要通过对题目中出现的全部数字进行运算即可得到正确答案。不规则应用题是指那些与现实生活更为接近的题目,这些题可能有解,也可能无解;题目中的条件可能是充分的,也可能是缺失的;有些条件可能是必要的,也可能是不必要的。学生要利用自己的日常生活经验,并结合数学思维推理解决问题。

教师首先要分析两类应用题解题成绩差异的原因,有的放矢地进行教学。学生并不是因为认知缺失而无法对不规则应用题的情境进行分析,真正的原因在于规则应用题的刻板形式、学生对应用题的刻板心理表征、教师对不规则应用题的消极态度以及师生互动中的等级关系等,造成学生常常无法正确地解决问题。所以,数学教学应强调建立概念性知识、陈述性知识和程序性知识三者之间的关系,学生不应只关注数学计算,还必须理解数学知识的本质,这样才能进行更广泛的数学推理,以便在不同情境中解决问题。规则应用题及其现有教学模式正是忽略了将课本知识与解决问题的实际能力结合起来,所以不利于三种知识之间关系的建立,阻碍了学生数学能力的发展,限制了他们的创造性思维。

与此同时,除了对上述原因加以重视外,还有其他一些方法可以提高学生解决不规则应用题的有效性。例如,鼓励学生在课堂上进行积极的讨论,使他们在合作学习的气氛下,共同寻找解决问题的正确方法,这样可以在一定程度上摆脱教师教授的单一的解题思路;使用多种方法如图表、实物等对问题进行表征,打破学生头脑中的刻板表征;利用现代化的教学技术,采用多媒体呈现问题。多媒体教学环境可使问题的呈现更加具体、生动,因此有助于学生从视觉和听觉等角度全方位地考虑问题,促进他们数学思维的发展。

总之,教师应采用灵活、多样的授课形式,帮助学生更好地理解问题并顺利地解决问题。

(五) 重视数学应用题心理表征的策略

关于数学应用题心理表征的策略问题,也是陈英和教授近年来的一项研究成果。

表征(representation)一词似乎有点"复杂"。心理学中较早的概念是表象(image),是指基于知觉在头脑内形成的感性形象,包括记忆表象和想象表象。在心理学发展的早期,主要是对表象的某些方面进行定量评定,现代认知心理学崛起后,表象的研究得到迅速发展,大部分研究着眼于信息的表征(这里的表征好像有"表达"的意思),如心理旋转、心理扫描的研究,颇为新颖。认知心理的二重暗码(dual-code)理论断言,信息是按视觉表象和言语表征两种形式储存于长时记忆中的。于是,表征或心理表征被定义为信息加工系统中代表外界事物或事件密码化的信息符号。(林崇德,杨治良,黄希庭,2003)。而数学心理表征当然是数学信息加工系统中代表数学对象的密码化的信息符号,例如数学符号建构、数学概念意义的确立、空间图式和策略启发过程,甚至包括与数学相联系的情绪情感因素。

数学心理表征中存在两种策略——直接转换策略（direct translation strategy）和问题模型策略（problem-model strategy）。直接转换策略是指当主体面对数学应用题时，首先从题中选取数字，然后对数字进行加工，其中强调量的推理，即运算过程；问题模型策略是指当主体面对数学应用题时，首先试图理解问题情境，然后根据情境表征制订计划，其中强调质的推理，即理解问题中条件之间的关系。

陈英和等人介绍了国外的相关研究，指出在数学问题解决中存在四个基本阶段：转换、整合、计划和执行。转换是对问题中的条件建构心理表征；整合是对问题中条件之间的关系建构心理表征；计划是制订解决方案；执行是实施方案。根据这四个阶段，研究者总结出在数学应用题的心理表征中也存在四个相应的阶段。直接转换策略的认知过程包括更新数据库、选择数字和关键词、产生计划和执行计划四个阶段。问题模型策略的认知过程与前者的不同之处在于第二个阶段，不是选择数字和关键词，而是建构情境模型（见图 8-2）。

图 8-2 两种策略的认知过程比较

围绕小学生数学应用题表征的策略问题，陈英和的团队做了不少的研究。他们对二至四年级小学生的数学应用题表征策略进行了研究（陈英和，仲宁宁，田国胜，王治国，2004）。他们运用实验法和临床访谈法，对某普通小学的 123 名二至四年级学生进行了数学应用题测验，以研究数学学优生和学困生在解决比较应用题时表征策略的差异。结果表明（陈英和，仲宁宁，田国胜，王治国，2004）：

- 从二至四年级学生解答一致和不一致应用题来看，学优生较多地使用问题模型策略对问题进行表征，学困生较多地使用直接转换策略对问题进行表征。
- 除学困女生的解题正确率低于学困男生的正确率，学困女生自我报告中直接转换策略的使用多于学困男生外，在其他方面，性别差异并不显著。
- 随着年级的升高，学优生使用问题模型策略越来越成熟，学困生并没有学会使用更加有效的问题模型策略，仍然停留在直接转换策略上，但他们在关于策略使用的认识上有所提高。

陈英和等人还对四至六年级小学生的数学应用题表征策略进行了研究。这项研究运用实验法对某普通小学的161名四至六年级学生进行了长方形面积任务和数学运算测验（Mathematical Processing Instrument，MPI），以考查学生在解决数学应用题时使用视觉—空间表征的水平及其对问题解决的影响。结果表明（仲宁宁，陈英和，张晓龙，2009）：

- 表征水平随着年级的升高而不断提高，学生在表征水平上的性别差异不显著。
- 无论哪个年级，表征水平都是优等生好于中等生，中等生好于学困生，表征水平越高，学生在问题解决上的成绩越好。
- 随着题目难度的不断加大，各表征水平的学生在解题正确率上的差距也在不断拉大。也就是说，题目越难，表征水平在解题中的作用也就越明显。

由此可见，小学生解答应用题错误是因为对问题信息的存储表征失败；表征策略在解决复杂问题或新问题中起着不可忽视的作用；建立情境模型的小学生不仅从题目中提取那些与问题解决相关的信息，而且对他们理解的信息建构问题表征，如对象、行为、事件间的关系等，有助于他们更好地理解应用题。

四、从"虫食算"到思维训练题

在小学数学教学过程中,我们一般都习惯用传统的四则运算应用题对学生进行思维训练。20世纪80年代初,我看到国外在适当采用四则运算应用题进行训练的同时,更多地推出一些新的思维训练题。其中有一类日本人称为"虫食算"的思维训练题,引起了我的兴趣。在《智力发展与数学学习》初版(1982)中,我写了"虫食算的思维训练题"一节。今天"虫食算"成为小学奥林匹克数学的一个组成部分,或是一个小部分,我认为有必要对这类小学生思维训练题做些论述。

(一)"虫食算"思维训练题

1982年《智力发展与数学学习》成书之前,我看到了所谓"虫食算"的思维训练题,认为不是什么新鲜的思维训练方法。我当时说,"虫食算"一类的思维训练题,在我国小学数学教学中也极为常见,这就是填空题。这是一类思考性比较强的习题,要求根据条件进行逻辑推理,找出正确的答案,以培养小学生逻辑推理的能力。我还对所谓"虫食算"与填空题做了对比。

下面前6道题是较典型的"虫食算"例题。

例1 试在以下算式的"□"中填上合适的数字,使算式成立。

$$
\begin{array}{r}
9\ 7\ \square \\
\times\quad\ \square\ 8 \\
\hline
\square\ \square\ \square\ 0 \\
9\ \square\ \square\quad \\
\hline
1\ 7\ 5\ \square\ 0 \\
\end{array}
$$

解略。答案:$975 \times 18 = 17550$。

例2 试用适当数字代替下式中的字母，使算式成立。

```
      2 N 8
      2 N 2
      8 8 N
  +   N 2 N
  ─────────
      2 1 6 4
```

解略。答案：N=7时，上列算式成立。

其实，此类算术题过去在小学算术中偶然也可碰到，但大规模引用做思维训练题却是近年来的事。这些训练题的价值在于，它有利于发展学生的观察、分析和综合、推理能力。下面通过试题的解题过程来说明。

例3 试用适当数字代替下列算式中的"×"号，使算式成立。

```
          3 × × ×
      ×       9 ×
      ─────────────
          2 × × × 1 ·············· (1)
        3 0 × 1 7 ················ (2)
      ─────────────
        3 3 × × × 1
```

解：分析算式特点，由（2）中末位数字为7知被乘数个位数码为3，又由（1）中末位数码为1，知乘数个位数码为7，再根据（2）中各位的已知数码，求得被乘数为3413。故算式为：

$$3413 \times 97 = 23891 + 307170 = 331061。$$

例4 试用适当数字代替下列算式中的"×"号，使算式成立。

```
              × 7 4
      3 1 × ) × × 4 × ×
              6 3 × ················ (1)
              × × 6 × ·············· (2)
              × × × ×
              ─────────
                × × × × ············ (3)
                × × × × ············ (4)
                ─────────
                      0
```

解：由（1）知商的首位必为 2，又由（2）中第三个数码为 6，故（1）中末位亦必为 8，故除数个位数码为 9，于是，按除数为 319，商为 274，不难把各空位数码填补上。

从以上解题过程看，解此类习题的基本过程是：先观察、分析所给算式的特点，根据这些特点分析其各种可能的原因；就各种可能的原因进行逐一检验，进而依次求出各空位的数码。我们再通过比较复杂一点的例子来说明这个解题的基本过程。

例 5 试用不同数字表示下式中的不同字母，使算式成立。

$$
\begin{array}{r}
\text{G Q R D Q N} \\
\times\ \ \text{S L A D E} \\
\hline
\text{G G G T A Q N} \cdots\cdots\cdots\cdots(1) \\
\text{D E R L T T} \cdots\cdots\cdots\cdots(2) \\
\text{E A L D T T} \cdots\cdots\cdots\cdots(3) \\
\text{A S R E L N} \cdots\cdots\cdots\cdots(4) \\
\text{L D T N N T} \cdots\cdots\cdots\cdots(5) \\
\hline
\text{A R L D Q S Q A Q N} \cdots\cdots\cdots\cdots(6)
\end{array}
$$

解：从得数中十位数码 Q=Q+T，百倍数码 A=A+T+T，可知 T=0。

又由乘数的十位数码 D 乘被乘数所得结果（2）知：D×G=D，所以 G=1。

由 N×E 的末位为 N，N×D 的末位为 0，N×A 的末位为 0，知 N=5。而 E=3 或 7 或 9，依次试验看是否符合（1）之要求，知 E=9。再由（1）之要求，知 Q=2，R=3，D=4。

由被乘数乘 A 得（3），知 A=6 或 8，逐一检验知 A=8。而余下的 L=7，S=6。所以，原算式为 123425×67849=8374262825。

例6 试用适当数字代替下式中的"×"号，使算式成立。

```
              × 7 × × ×
   × × × ) × × × × × × × ×
           × × × × ·················· (1)
             × × × ···················· (2)
             × × × ···················· (3)
             ─────
             × × × × ················· (4)
               × × × ·················· (5)
               ─────
               × × × × ················ (6)
                 × × × × ·············· (7)
                 ─────
                     0
```

解：由于（6）是从被除数中连落二位而得的，故商的十位数码为 0。

除数乘 7 得（3）为一个三位数，且（2）减（3）仍得三位数。故除数百位数码为 1，十位数码非 1 即 2。

分析对比（1），（2），……，（7）的情况，知商必为 97809。若除数十位数为 1，则除数最大为 119。但 $119 \times 8 = 952$，即使（4）取最小值 1000，由（4）减（5）得 $1000 - 952 = 48$，则（6）为 48××，也是不可能的。因为 48× 被 119 除得商为 4，不能得商为 0。故除数十位数码必为 2。

又由（5）知除数 12× 乘 8 得三位数，故除数个位只能小于或等于 4。用 4 代入试验得 $12128316 \div 124 = 97809$。

由以上例题及其解法可见，此类练习要求学生不断地进行分析，不断地探索，试验各种解题方法，但基本上未超出学生的知识和智力水平。所以，我认为这是适合小学高年级与初中低年级的一类较好的思维训练题。

我当年也举了我国的填空题，做对比分析。

例7 在下面的括号中填上数字，使算式成立：

(1)
```
    ( ) 8
  + 1 ( )
  ───────
    8 1
```

(2)
```
    ( ) 2
  -   2 ( )
  ─────────
      2 4
```

(3)
```
    ( )( ) 4
  -   ( )( )
  ──────────
          9
```

(4)
```
      ( )( )
  ×       7
  ─────────
      ( ) 1
```

(5)
```
      ( )( )
  ×     ( )
  ─────────
      8 ( ) 8
```

(6)
```
            ( )
      ┌─────────
   48 │ ( ) 0 ( )
        ( ) 6
        ─────
            1
```

以（4）为例来看，（ ）×7积的个位数是1，在"七"的口诀里只有 $3×7=21$，故被乘数的个位应填3；十位上的（ ）×7的积只是一位数，在"七"的口诀里只有 $1×7=7$，故被乘数的十位应填1。所以答案是 $13×7=91$。

上述填空题的答案是：(1) $68+13=81$；(2) $52-28=24$；(3) $104-95=9$；(4) $13×7=91$；(5) $92×9=828$；(6) $102÷48=2……6$。

例8 求 a, b, c, d 或 ☆，△所代表的数（在同一题目中不同字母或符号表示不同的数字）。

(1)
```
      a a
    +   a
    ─────
      9 6
```

(2)
```
      ☆ 0
    - △ ☆
    ─────
        ☆
```

(3)
```
      a b c d
    + c b a b
    ─────────
    b b c b b
```

(4)
```
      a b c d
    ×       9
    ─────────
      d c b a
```

以（4）为例：

① 被乘数是四位数，乘9，积仍为四位数，故 a 只能是1。

② 积的个位是1，即 d×9 的积个位是1，故 d 只能是9。

③ 因 a=1，所以 b≠1。如果 b 是2—9中任何一数，那么 b×9 的积一定是两位数。这样，积的千位上的9加任何不等于0的数，必然要进位，变为五位数，不符合要求，故 b 只能是0。

④ 被乘数的末位上的9与乘数9相乘，积为81，进8。但积的十位为0，故 c×9 的积的个位应为2，因此，c 只能为8。

⑤ 答案是 1089×9= 9801。

整个字母符号题的答案是：（1）a＝8；（2）☆＝5，△＝4；（3）a＝8，b＝1，c＝3，d＝0；（4）a＝1，b＝0，c＝8，d＝9。

例9 文字题。

1. 三个1与两个0组成一个五位数，要使这个五位数读起来：（1）一个0都读不出来；或者（2）两个0都读出来；或者（3）只读出一个0（答案不止1个）。

下面我们以（3）为例加以运算。

推理：

只读出一个0，有两种情况：一种是数的末尾有一个0，而另一个0在数的中间，这样有两个答数，即10110，11010；另一种是两个0连在一起（但不在数的末尾），这样也有两个答数，即10011，11001。因此，这道题共有四个答案，即10110，11010，10011及11001。

本题的答案是：（1）11100；（2）10101；（3）10110，11010，10011，11001。

2. "2+3=5"。在这个加法算式中，两个加数与它们的和都是质数。你能举出和不超过40，两加数与和都是质数的几道加法算式？

推理：

① 质数除2外都是奇数，两奇数的和必为偶数，大于2的偶数都是合数。要满足两质数的和仍为质数的要求，其中一个加数必须是2。

② 分析 40 以内两个连续奇数都是质数的有 3 与 5，5 与 7，11 与 13，17 与 19，29 与 31。

③ 本题答案是：2+5=7，2+11=13，2+17=19，2+29=31，共四个加法算式。

3. 兄弟两人各拿了几株树苗去种树，如果兄给弟 1 株，那么两人的株数相等；如果弟给兄 1 株，那么兄的株数为弟的 2 倍。问：兄、弟原来各拿了多少株树苗？

推理：

① 不论兄给弟或弟给兄，树苗总数不变。

② 兄给弟 1 株，则两人株数相等，可知原来兄比弟多 2 株。

③ 弟给兄 1 株，这时，兄比弟多 4 株。多 4 株时，兄为弟的 2 倍，故弟为 4 株，兄为 8 株。

④ 所以，原来兄拿了 8-1=7（株），弟拿了 4+1=5（株）。

教师结合教学，有的放矢地给学生一些类似"虫食算"或"填空题"的习题，并适当地教会他们一些解题的方法，有利于学生思维能力与智力的培养。

（二）思维训练题与奥数训练

不论是"虫食算"还是"填空题"都是思维训练题。在利用数学进行思维训练方面，我国数学界的历史最悠久，内容也最为丰富。诸如古代著名的"鸡兔同笼"问题，今天在我国小学三、四年级就开始训练，而这类家喻户晓的数学思维训练题早在古代的《孙子算经》中就已经出现。

"一个笼子里既放鸡，又放兔，数头共有 10 个，数脚共有 28 只，问：鸡有几只？兔有几只？"

数字可灵活变化。数学教师有时把头变成 46 个，把脚变成 103 只；有时把头变成 30 个，把脚变成 70 只。

"鸡兔同笼"可在同类数学例题中灵活运用。例如，可出现类似的假设题：

面值10元、50元的人民币共27张，合计990元，问：10元和50元的人民币各有多少张？

中国有个民谣，"一队猎手一队狗，二队并成一队走。数头一共三百六，数脚一共八百九。"问：有多少猎手，多少狗？

必须指出，任何数学题目都可以作为思维训练的试题，关键在于教师如何把握。有经验的小学教师就重视在日常数学教学中加强思维训练。

现在，这类难度较大的思维训练题被作为"小学奥数"题。"奥数"是"奥林匹克数学"的简称，也称"数奥"（数学奥林匹克），它是人们将数学竞赛活动与体育竞技运动相比拟的结果。

最早以官方名义举办中学生数学竞赛的是匈牙利。1894年，匈牙利数理学会为了纪念该学会的一位会员当上了匈牙利教育部部长，决定从当年起每年10月举办全国性的中学生数学竞赛。经过几十年的实践，匈牙利的竞赛选手中相继涌现出一批世界知名的数学家，中学生数学竞赛成了造就数学大师的摇篮。因此，这一举措后来开始被其他国家仿效。1934年，苏联在列宁格勒（今圣彼得堡）举办了中学生数学竞赛，并冠名为"中学数学奥林匹克"，第一次将数学竞赛与古希腊的奥林匹克体育竞赛联系起来，意味着数学竞赛也将发扬奥林匹克运动精神，是人类智力的竞技活动。

我国中学生数学竞赛开始于20世纪50年代。1956年，老一辈数学家华罗庚在考察了苏联的数学奥林匹克竞赛活动之后，认为这样的一项活动正是目前新中国发展所需要的，于是联合苏步青、江泽涵等多名国内著名数学家共同倡导，由中国数学理事会发起，经教育部同意，当年首先在北京、上海、天津、武汉、宁波等城市分别举办了中学生数学竞赛，后来又有不少省市仿效加入竞赛行列，并持续到1964年。这项赛事从1965年中断，直到1978年才恢复，并于1981年开始以全国联赛形式举办高中数学竞赛，1985年发展到初中，1991年延伸到小学阶段。至此，我国中小学生数学联赛的格局已经形成，并开始在国际竞赛中取得令人瞩目的成绩。奥数原先的宗旨在于普及数学，培养学生的数学兴趣，激励数学爱好者敢于挑战科学难题。然而，有些省市的学校把奥数成绩与升学挂钩，导致奥数的功利化趋势越来越明显，这与奥数及奥赛的初衷是相违背的。

尽管目前的奥数有变味的趋势，但我们绝不能把奥数封杀。在本书的下一章，我专门写了"中学奥数与中学生的智力发展"一节。对于小学奥数，我把它视为在小学有一定难度的数学思维训练。我拜读过不少中小学奥数训练书籍，其中有一套徐彪先生主编、南京大学出版社出版的"奥数训练100类举一反三"丛书，我十分欣赏。三至六年级，四个年级每个年级有100个专题，每个专题作为一个单元的数学思维训练，展现出"内容全面，螺旋方向；源于基础，着眼提高；一例多练，举一反三；与时俱进，紧跟时代"（徐彪，2006）四个特点。这类数学思维训练对进一步提高小学生的思维能力乃至智力是有帮助的，它能启发许多学生学会全面地看问题，学会如何揭示数量和形体及其内在关系的初步规律，掌握比较（类比与对比）、命题和推理的方法。应该说，有些题是有深度和难度的。例如，四年级的举一反三题：

每辆大客车需甲种零件8个，乙种零件3个；每辆小客车需甲种零件4个，乙种零件10个。现用去了甲种零件52个，乙种零件79个，那么这些零件装配了大、小客车各多少辆？

乍一看题，我被难住了，之后列二元一次方程，做出了这道题。再细细一想，对题目中所给的条件加以分析，找出题目中哪一个量相当于大客车，哪一个量相当于小客车，大客车、小客车分别需要的零件数和用去甲、乙两种零件的总数是多少；再在正确假设的基础上，按照题目所给的数量关系用替换方式正确地进行推算，使问题得到解决。答案是：大客车3辆，小客车7辆。如果有基础、有条件，相当数量的小学生可以投入奥数的训练。

然而，每个学生的兴趣、爱好是不同的，将来的发展特色也是千差万别的。因此，我反对"全民奔奥数"和"奥数学习从小学抓起"的不正常

"口号"。这不仅违背了奥数和奥赛的初衷,也有悖于因材施教的要求,还会增加学生过重的学业负担。每个小学生都应该学好国家课程所规定的小学数学基础知识,教师应在这些基础知识的教学中加强思维训练,而不必强求每个学生都参加奥数训练。从大众化教育的要求出发,我们应在日常数学教学中加强对学生的思维训练。那种非奥数就不能进行思维训练,就无法提高思维水平的认识是错误的。

五、小学数学教学应注意的几点

为了发展小学生的思维能力与智力,搞好小学数学教学是十分重要的。从小学数学教学法的要求出发,小学数学教学在培养学生的逻辑思维能力及发展他们的智力上应注意哪些要求呢?

(一) 要讲清概念、法则、公式及解题的方法

小学数学中的概念、法则、公式及解题的方法,反映了小学生要适应社会生活和进一步发展所必需的数学基本知识、基本技能、基本思想、基本活动经验。这是小学生进行数学学习的总目标之一。

《义务教育数学课程标准(2011年版)》提出了小学一至三年级和四至六年级的知识技能要求。

第一学段(一至三年级)

1. 经历从日常生活中抽象出数的过程,理解万以内数的意义,初步认识分数和小数;理解常见的量;体会四则运算的意义,掌握必要的运算技能,能准确进行运算;在具体情境中,能选择适当的单位进行简单的估算。

2. 经历从实际物体中抽象出简单几何体和平面图形的过程,了解一些简单几何体和常见的平面图形;感受平移、旋转、轴对称现象;认识物体的相对位置;掌握初步的测量、识图和画图的技能。

3. 经历简单的数据收集、整理、分析的过程,了解简单的数据处理方法。

第二学段（四至六年级）

1. 体验从具体情境中抽象出数的过程，认识万以上的数；理解分数、小数、百分数的意义，了解负数的意义；掌握必要的运算技能；理解估算的意义；能用方程表示简单的数量关系，能解简单的方程。

2. 探索一些图形的形状、大小和位置关系，了解一些几何体和平面图形的基本特征；体验简单图形的运动过程，能在方格纸上画出简单图形运动后的图形，了解确定物体位置的一些基本方法；掌握测量、识图和画图的基本方法。

3. 经历数据的收集、整理和分析的过程，掌握一些简单的数据处理技能；体验随机事件和事件发生的等可能性。

4. 能借助计算器解决简单的应用问题。（中华人民共和国教育部，2012，p.10-12，引用时有改动）

反映小学数学基本知识技能的数学概念、法则与公式，乍看起来并不难懂，但实际教起来并不容易，尤其是让小学生理解、掌握，变为他们自己的东西，即"内化"的过程，就更困难了。

小学数学的每一个单元或每一节课的开始往往会出现一些新的概念。例如，开始学习分数时，单是一个"分"字和一个"数"字，就出现了许多不同的概念，如：约数、倍数、质数、合数、质因数、互质数、公约数、公倍数、最大公约数、最小公倍数……接着又出现了通分、约分、分数、分子、分母、真分数、假分数、带分数等。其中只要有一个概念不清，都会给以后的应用带来麻烦，而思维能力的发展也正是从这些基本概念的"细胞"开始的。因此，不管是备课还是课堂教学，都应该认真考虑怎样才能把这些概念讲清，不能因为看起来很简单而轻易放过。一个看起来很简单的概念，往往是数学上最基本的东西。

新学期开始，无论对于哪个年级都意味着新教材的开始。有的讲面积，有的讲分数，有的讲小数等。一册书或一个单元开始建立的概念，正是这部分知识的基础，一定要学得扎实，绝不能有"差不多"的思想。对于掌握基本数学概念、法则、公式以及解题方法的要求应格外严格。这方面的培养方法,我在前几章已经讲过了,这里不再赘述。总之,知识技能既是学生发展的基础性目标,又是落实数学思维和问题解决目标的载体,是发展小学生智力的基础。所以,我们必须注重学生对基本知识技能的理解和掌握,就如盖房子打基础一样,等墙砌高了,出现歪斜扭曲的现象之后,再返工就晚了。

(二)突出重点,解决难点,说明疑点

小学教学的系统性很强,如前所述,不能任意删节。但是,在教材内容中,也有主要和次要的分别。在任何一部数学教材里,都有一些在同类知识中分量大、重要的或主要的内容,这就构成了课堂教学的重点。主要内容对于进一步学习非常重要,它是发展智力的基础知识的台柱,是教材中的重点。一般来说,低、中年级的整数四则运算中,"20"以内的重点是一位数的加法和同它对应的减法,"100"以内的重点是两位数的加减法、九九表乘法和表内除法,"10000"以内的重点是多位数加减法和一位数乘除多位数,"100000000"("亿")以内的重点是多位数乘除法。在教学时,应该突出教材中的重点,使学生能够把主要内容学好。

在数学教学中,有一些内容学生不易理解或不易掌握,这些内容是教材中的难点,也就是说,一些学生难懂和不易掌握的内容,构成课堂教学的难点。一般来说,分数的概念是分数中的一个难点。对于教材中的难点,应该根据不同的情况,采取适宜的办法予以解决。教师在教学时不仅需要找出这些重点,而且要讲好难点。数学教材中有些重点和难点,对于掌握某一部分知识往往能起到决定性作用,掌握了这些内容,这一部分知识就容易掌握。这些内容是教材中的关键。例如,一般来说,试商是多位数除法的关键,小数点的处理是小数四则运算的关键。在教学时,应该抓住教材中的关键,集中力量,讲解清楚、透彻,使学生学好、练好。当然,有时数学教学的重点就是难点,或者两者相当接近,例如"分数的性质",既是重点又是难点;有时教学的重点和难点有些距离。所有这些,正是我们在教学中要重视的。也就是说,讲授一部数学教材,要抓住关

键,讲好该教材中的实质性内容,掌握重点与难点,熟悉它们在整个教材中的地位,了解它们和前后教材的相互联系之处。

所谓疑点,就是学生对数学内容混淆不清、容易误解且产生疑惑的地方。例如,除法性质、分数性质和分式性质中,除数和被除数,分子和分母同乘或同除以一个数,其大小不变,这个数必须强调"0除外",不然学生容易造成概念的混乱。而这一切,都是我们在教学时要注意的。

(三) 加强练习

练习不仅是一种复习手段,有利于记忆力的发展,而且是一种"抽象—具体化"的思维过程,是一种演绎推理的过程,有助于逻辑思维能力的发展。

教学中,课堂讲解与练习是相辅相成、互相促进的,只有这样才能使学生更好地掌握知识、发展智力。对于如何引导小学生练习,我想提两条建议。

1. 注意"及时强化"

图 8-3 是德国心理学家艾宾浩斯创制的描述遗忘速度的曲线,表明遗忘变量和时间变量之间的关系。从中可见,刚刚记住的材料最初几小时内

图 8-3 遗忘速度曲线

的遗忘速度很快，两天后就较缓慢，以后更慢。尽管记忆的程度与所记的材料有直接关系，但及时复习和练习仍是十分重要的。在小学数学教学中，如何引导学生有效地练习呢？要注意：必须在理解基本概念、定义、法则的基础上进行练习；练习必须有明确的、严格的要求，必须及时"强化"，及早地使学生知道正确与错误的地方及错误的性质；要在练习中激发学生的创造性与灵活性；要不断地提高要求，有周密的计划，对速度、正确性、难度都有一定的安排；练习的内容、方法和形式要多样化；注意练习时间的分配，注意因材施教，对学优生与学困生都做一定的安排，区别对待。

2. 要有一定的弹性

给学生安排的"练习量"多大，其"质"多高，必须有一定的弹性，即要考虑到学生发展的差异。《义务教育数学课程标准（2011年版）》在论述"教材内容设计要有一定的弹性"时，列举了六个方面，很适合作为学生练习的要求。

（1）就同一问题情境提出不同层次的问题或开放性问题。

（2）提供一定的阅读材料，包括史料、背景材料、知识应用等，供学生选择阅读。

（3）习题的选择和编排突出层次性，设置巩固性问题、拓展性问题、探索性问题等；凡不要求全体学生掌握的习题，需要明确标出。

（4）在设计综合与实践活动时，所选择的课题要使所有的学生都能参与，不同的学生可以通过解决问题的活动，获得不同的体验。

（5）编入一些拓宽知识或者方法的选学内容，增加的内容应注重介绍重要的数学概念、数学思想方法，而不应该片面追求内容的深度、问题的难度、解题的技巧。这方面的练习更体现个性的弹性特色。

（6）设计一些课题和阅读材料，引导学生借助算盘、函数计算器、计算机等工具，进行探索性学习活动。（中华人民共和国教育部，2012，p.66，引用时有改动）

(四) 适当地联系实际

20世纪80年代的小学数学教学大纲指出："小学数学教学，要使学生不仅长知识，还要长智慧，培养学生从小爱科学，讲科学，用科学……启发学生去分析数量关系，掌握规律，解决问题。"让小学生联系实际，也是达到小学数学教学大纲要求的一个重要方面。联系实际不仅要使他们能举例说明所学的知识，并用直观与经验的方式加以论证，而且要带领他们走向自然、走向社会，利用数学知识观察空间、丈量面积、测出距离、制作一些简易的数学教具……这有助于学生获得大量感性材料，为掌握数学知识与发展理性思维提供支柱；有助于增进他们学习数学的兴趣与求知欲望；有助于提高他们的逻辑推理能力、空间想象能力及分析问题、解决问题的能力。教育部《义务教育数学课程标准（2011年版）》非常注重联系实际问题，并给出了许多可资借鉴的案例。

数学源于生活实际，学生的日常生活中充满着数学。借助学生的生活经验，让学生学会思考问题，帮助学生理解数学是国内外小学数学教学的一个重要走向。我浏览了发达国家的小学数学教科书，发现其中有许多联系学生生活的数学题。近年来，我国小学数学教材及课堂教学中也有大量生活化的案例。我在2011年的几期《小学数学参考》上看到，不少教师就学生对人民币并不陌生但又有不少学生没有独立地"消费"的特点，把原先设计的小步子题调整为开放性问题，不仅使学生学到生活的知识技能，而且把已有的直接经验系统化和概括化。我还看到，引导学生丈量长度、面积，创设一系列与几何图形有关的实践活动；引导学生利用计算器甚至计算机计算，从中发现一些有趣的规律；等等。这些联系实际的练习在练习中占了相当大的比例。我认为，不管利用什么方法去联系实际，都可以让学生感到"生活中处处有数学"的道理。这是一种激发学生学习数学的兴趣、引导他们进行数学思考、鼓励其创造性思维的数学教学活动。时间一久，这种数学教学活动不仅能促使学生初步地学会解决一些生活实际问题，更重要的是，还能调动学生的积极性，使他们养成良好的数学学习习惯并掌握恰当的数学学习方法。

第九章　中学生数学学习与智力发展

中学生经历了少年期和青年初期,统称"青少年"。初中生(12—15岁)基本上属于少年期,这是一个从童年向青年过渡的时期。在心理发展中,少年具有半幼稚半成熟的特点,因此少年时期常被称为过渡年龄时期。高中生(15—18岁)是生理和心理发展成熟的时期。青少年精力充沛,具有强烈的进取精神,无论从体力还是智力来说,他们都处于蓬勃发展的时期。

一、中学生数学智力的发展

从小学升入中学学习,是这个时期学生心理变化的最重要的条件。中学的学科比小学增加了,各门学科的内容也趋向专门化。例如,算术改为代数、几何和三角,常识则改为化学、物理、历史、地理和生物。这些学科都已接近于科学体系,要求中学生开始掌握系统的科学基本知识和现实世界的一些较一般的发展规律。这些有力地促进了中学生心理的发展,包括智力、思维的发展。

(一) 中学生思维发展的特点

中学生思维,在发展心理学的研究中,更多地被称为青少年思维。

中学时期青少年思维的基本特点是:思维能力得到迅速发展,他们的抽象逻辑思维处于优势地位。但少年期(初中生)和青年初期(高中生)的思维是不同的。在少年期的思维中,抽象逻辑思维虽然开始占优势,但是在很大程度上还属于经验型,他们的逻辑思维需要感性经验的直接支持。

而青年初期的抽象逻辑思维则属于理论型,他们已经能够用理论做指导来分析、综合各种事实材料,从而不断扩大自己的知识领域。同时,我通过研究认为,从少年期开始,学生已有可能初步了解辩证思维规律,到青年初期则基本上可以掌握辩证思维。

以下将从三个方面来讨论青少年思维发展的特点——抽象逻辑思维。

1. 抽象逻辑思维是一种通过假设的、形式的、反省的思维

这种思维具有五个方面的特征。

- 通过假设进行思维。思维的目的在于解决问题,问题解决要依靠假设。从青少年开始是撇开具体事物运用概念进行抽象逻辑思维的时期。通过假设进行思维,使思维者按照提出问题、明确问题、提出假设、检验假设的途径,经过一系列的抽象逻辑过程以实现提出问题的目的。

- 思维具有预计性。思维的假设性必然使主体在复杂活动前有了诸如打算、计谋、计划、方案和策略等预计因素。古人曰:"凡事豫则立,不豫则废。"这个"豫"就是思维的预计性。从青少年开始,个体的思维活动就表现出这种"预计性"。通过思维的预计性,在解决问题之前,个体已采取了一定的活动方式和手段。

- 思维的形式化。从青少年开始,在教育条件的影响下,个体思维的成分中,逐步地由具体运算思维占优势发展到由形式运算思维占优势,此乃思维的形式化。

- 思维活动中自我意识或监控能力的明显化。自我调节思维活动的进程,是思维顺利开展的重要条件。从青少年开始,反省性(或内省)、监控性的思维特点越来越明显。一般条件下,青少年意识到自己智力活动的过程并且控制它们,使思路更加清晰,判断更加正确。当然,青少年阶段反省思维的发展,并不排斥这个时期出现的直觉思维,培养直觉思维仍是这个阶段教育和教学的一项重要内容。

- 思维能跳出旧框框。任何思维方式都可以导致新的假设、理解和结论,其中都可以包含新的因素。从青少年开始,由于发展了通过假设的、形式的、反省的抽象逻辑思维，思维必然能有新意，即跳出旧框框。于是从这个阶段起，创造性思维或思维的独创性获得迅速发展，并成为青少年思维的一个重要特点。在思维过程中，青少年追求新颖的、独特的因素及个人的色彩、系统性和结构性。

2. 抽象逻辑思维处于优势地位，是经验型向理论型过渡的时期

少年期思维发展的一个主要特点是：抽象逻辑思维日益占据主导地位，但是思维中的具体形象成分仍然起着重要作用。

少年期的思维和小学期的思维不同，小学期儿童的思维正处在从具体形象思维向抽象逻辑思维过渡的阶段，而在少年期的思维中，抽象逻辑成分已经在一定程度上占有相对的优势。当然，有了这个"优势"，并不是说到了少年期只有抽象逻辑思维，而是说在思维的具体成分和抽象成分不可分的统一关系中，抽象成分日益占据重要地位。而且，由于抽象成分的发展，具体形象思维也不断得到充实和改造，少年期的具体形象思维是在和抽象逻辑思维的密切联系中进行的。

青年初期的思维发展具有更高的抽象概括性，并且开始形成辩证思维。具体地说，它表现在两个方面。

- 抽象与具体获得较高的统一。青年初期的思维是在少年期的思维基础上发展起来的，但它又不同于少年期。少年期思维的抽象概括性已经有了很大的发展，但由于需要具体形象的支持，所以少年期的思维主要属于经验型，理论型思维还不是很成熟。到了青年初期，由于经常要掌握事物发展的规律和重要的科学理论，理论型的抽象逻辑思维就开始发展起来。在此思维过程中，它既包括从特殊到一般的归纳过程，也包括从一般到特殊的演绎过程，也就是从具体提升到理论，又用理论指导去获得知识的过程。这个过程表明青年初期的思维由经验型向理论型转化，抽象与具体获得了高度的统一，抽象逻辑思维获得高度发展。
- 辩证思维获得明显的发展。青年初期理论型思维的发展必然导致辩证思维的迅速发展。青年在实践与学习中，逐步认识到一般与特殊、归纳与演绎、理论与实践的对立统一关系，并逐步发展着那种从全面的、运动变化的、统一的角度认识、分析问题和解决问题的辩证思维。

由此可见，青少年思维的发展趋势是要达到那种从一般的原理、原则出发，或在理论上进行推理，做出判断、论证的思维。

3. 抽象逻辑思维的发展存在着关键期和成熟期

我们通过对中学生运算能力发展的研究（林崇德等，1983）发现，八年级是中学阶段思维发展的关键期。从八年级开始，中学生的抽象逻辑思维即由经验型水平向理论型水平转化，到了高中二年级，这种转化初步完成，这意味着他们的思维趋向成熟。我们的研究对象共500名，从七年级到高二每个年级各100名，分别测定其数学概括能力，空间想象能力，确定原命题、否命题、逆命题和逆否命题的能力，以及逻辑推理能力。从这四项指标来看，八年级是抽象逻辑思维的新的"起步"，是中学阶段运算思维的质变时期，是这个阶段思维发展的关键时期。

高一年级到高二年级（15—17岁）是抽象逻辑思维的发展趋于"初步定型"或成熟的时期。所谓思维成熟，我认为主要表现在下述三个方面。

- 各种思维成分基本上趋于稳定状态，达到理论型抽象逻辑思维的水平。
- 个体差异水平，包括思维类型（形象型、抽象型和中间型），趋于基本定型。
- 成熟前思维发展变化的可塑性大，成熟后则可塑性小，与其成年期思维水平基本上保持一致，尽管也有一些进步。

以上三个方面已在对北京市几所重点中学的调查中证实。调查结果显示：高一学生的智力表现和学习成绩变化还是较大的，而高二、高三的学生则比较稳定；大学生的能力基础基本上和高二、高三年级的学生保持一致，这说明其基础是高中阶段成熟期奠定的。例如，高二、高三年级数学成绩平常的学生，到大学几乎也成不了数学系的高才生。当然，文科方面的能力成熟期较晚，也可能会出现大器晚成的情况，但成熟期毕竟是存在的。可见，抓住学生成熟前的时机进行各种思维能力与智力的培养是何等重要！

（二）中学生思维品质的矛盾表现

如前所述，思维的发生和发展既服从于一般的、普通的规律，又表现出个性差异。这种差异表现为个体思维活动中的智力特征，这就是思维品质，又叫作思维特质。思维品质的成分及其表现形式有很多，诸如独立性、广阔性、灵活性、深刻性、创造性、批判性、敏捷性等。在不同的年龄阶段，思维品质的各成分及表现形式体现着不同的发展水平，这就构成了思维的年龄特征。中学生思维品质最突出的特点是矛盾表现。

由于独立思考的要求，中学生思维品质的发展出现新的特点，最为突出的是独立性和批判性有了显著的发展。但他们对问题的看法还常常是只顾部分，忽视整体；只顾现象，忽视本质，即容易片面化和表面化。这里，常常会发现两个问题：①中学生为什么有时候要"顶撞"成人？②中学生看问题为何容易带有片面性和表面性？这是思维品质矛盾交错发展呈现出的问题。

中学生由于逐步掌握了系统知识，开始能理解自然现象和社会现象中的一些复杂的因果关系，同时由于自我意识的自觉性有了进一步的发展，常常不满足于教师、父母或书本中关于事物现象的解释，喜欢独立地寻求或与人争论各种事物、现象的原因和规律。这样，独立思考的能力就达到了一个新的、前所未有的水平。有人说，从少年期开始，孩子进入一个喜欢怀疑、辩论的时期，不再轻信成人，如教师、家长及书本上的"权威"意见，而且经常要独立地、批判地对待一切。这确实是中学阶段的重要特点之一。中学生不但能够开始批判地对待别人和书本上的意见，而且能够开始比较自觉地对待自己的思维活动，能够开始有意识地调节、支配、检查和论证自己的思维过程，这就使青少年在学习上和生活上有了更大的独立性与自觉性。

教师和父母应该珍视青少年这种思维发展的新品质。独立思考能力是一种极为可贵的心理品质，绝不能因为他们经常提出不同的或怀疑的意见，就认为他们是故意"反抗"自己，因而斥责他们，甚至压制他们。当然，这么说并不是允许他们随便顶撞师长，而是说，教师和父母要正确对待这个年龄阶段的孩子心理发展的特点。我们要启发中学生在积极主动思考问题的同时，尊重别人，懂得文明礼貌，学会以商量的态度办事。对那些确实无理顶撞的言行，我们也要适当给予批评。

青少年看问题容易片面化和表面化，是这个年龄阶段的一个特点，是正常的现象。尽管中学生在学习上和生活上有了更大的独立性和自觉性，但中学生思维的独立性与批判性还是不够成熟的，由此会导致各种各样的片面性和表面性的表现：有时是毫无根据的争论，他们怀疑一切，坚持己见但又常常论据不足；有时是孤立、偏执地看问题，例如，把谦虚理解为拘谨，把勇敢理解为粗暴或冒险；有时长于责人而不善于责己；有时好走极端，往往肯定一切或否定一切。在学习上也有同样的情况，他们往往把已经掌握的规则或原理，不恰当地运用到新的条件中，以致产生死守教条的毛病。中学生在独立思考能力发展上的这些缺点，是与他们的知识、经验不足以及辩证思维尚未发展相联系的。教师和父母一方面要大力发展他们的独立思考能力，随时加以引导、启发；另一方面还要对他们在独立思考中出现的缺点给予耐心、积极的说服教育。对他们的缺点，采取嘲笑或斥责的态度是不对的；同样，抱以放任不管或认为年龄大一点自然会好起来的想法也是不正确的。

（三）中学生运算思维发展的特点

中学生的智力水平表现在运算思维过程中，所获得的运算能力与智力发展总趋势是完全一致的。从我的初步研究中，可以看到这个结论。

1. 表现在数学概括能力上

从初中到高中，概括能力可以分为四级水平：第一级是数字概括；第二级是形象抽象概括，开始代数概括，但需要具体的经验帮助他们理解数字知识；第三级是根据假定进行概括，他们完全抛开算术的框图进行运算，定理、公式和原理等形式的运算成为这一级水平理解数字概念的主要手段；第四级是辩证抽象概括，找出数量之间对立统一的内在联系。

中学生的数学概括能力存在着年龄（年级）特征，同时又有个体差异。

- 七年级学生的概括水平与小学高年级相近，他们从数学概括运算向形象抽象概括运算发展。
- 八年级是中学期间数学概括能力发展中的第一个转折点，是抽象逻辑概括的真正"起步"。中学生数学成绩明显的分化也是从这时开始的。
- 九年级是个过渡时期。在九年级学生概括能力发展的基础上，高一年级的概括能力又是一个显著的发展，他们中间的大多数人不仅具备了根据假定进行概括的能力，而且向辩证抽象概括水平发展。
- 高二年级之后，根据假定进行概括与辩证抽象概括的能力进一步发展。例如，学生掌握了排列组合、数列与极限，这些都要求找出数量之间对立统一的内在联系。不少有经验的数学教师指出，学生对"无穷大"概念的理解有一个从困难到熟悉的过程，这是他们的概括能力逐步趋向成熟的过程。
- 中学生的概括能力往往在高一下学期至高二"初步定型"，之后表现出的概括能力基本上趋于一致。

2. 表现在空间想象能力上

中学生的空间想象能力，也可以分为四级水平：第一级是用数字计算面积和体积，处于三维空间算术运算阶段，具体形象性还占一定优势；第二级是掌握直线平面阶段，处于平面几何运算水平；第三级是掌握多面体阶段；第四级是理解旋转体阶段，掌握全部立体几何的运算。应该指出，上面四级水平的划分，仅仅是 20 世纪 80 年代研究的结果。其实在目前的高中立体几何中，多面体和旋转体的内容差异已不是那么明显。因为在大小度量的研究中，没有使用无限、导数等工具。如果今天我再进行研究，肯定把这两个合并。

当年，从大量调查中获悉，七年级处于第一级水平，八年级、九年级处于第二级水平,尽管九年级也能掌握一些立体几何的运算,但真正掌握多面体与旋转体运算还是在高中以后。

由此可见,八年级是空间想象能力发展的质变时期,是关键年龄期,高一、高二年级是空间想象能力初步成熟的时期。

3. 表现在命题能力上

中学生的命题能力,既包括对原命题、逆命题、否命题与逆否命题四种命题的领会和完善的水平,又包括对各类命题形式如肯定、否定、合取与析取的掌握程度和变形的水平。

我在教学一线调查中看到,八年级学生能够很好地掌握命题的结构和各个简单的命题形式,而到高一年级,学生才真正掌握命题结构的内在变化,并掌握和判别复合命题形式与确定命题变形。

4. 表现在逻辑推理能力上

逻辑推理能力发展较早,如前所述,在幼儿期萌芽,在小学阶段就得到迅速发展。

在数学运算中,中学生的逻辑推理能力包括以下四级水平:第一级是直接推理水平,即套上公式,对上条件,直接得出结论;第二级是间接推理水平,即不能直接套公式,需要变化条件,寻找依据,多步骤地推出结论;第三级是迂回推理水平,即分析前提,提出假设后进行反复验证,才导出结论;第四级是按照一定的数理逻辑格式,进行综合性推理的水平。达到第四级水平的学生,他们的推理过程逐步简练和合理化。

研究表明,目前中学生的逻辑水平不高,是数学教学中的薄弱环节。许多七年级学生不能套公式做题;高中学生中竟有人不能按公式一步推理;多步推理成为中学生普遍的难题,抽象的综合性推理,按照数理逻辑简练和合理化,做一步题看出数步,对于中学生来说更是困难。这个结果应引起数学教育界的重视。如果逻辑推理能力培养不力,那么提高中学数学教学质量就只是一句空话。

我看到,中学生在正常的教育条件下,数学推理水平是随年级升高、年龄增长而发展的。八年级学生普遍能按照公式推理,九年级学生大部分能进行一般性的间接推理,高一年级学生多数能进行迂回性的多步推理,较完善的推理能力基本在高二年级能够具备。由此可见,尽管目前中学生的推理水平不高,尤其是加大数学习题的难度时,他们的推理能力会发生困难,但是他们在各年龄阶段都具有一定的基本推理能力。如果教学措施跟得上,对学生欠缺的数学知识做系统的补习,中学生的推理能力是能迎头赶上的。

二、中学生数学能力发展的近期研究

我们团队近期对中学生数学能力发展做了新的探索,主要研究成果如下。

(一) 中学数学学习中的类比迁移

类比迁移是数学学习中一个至关重要的过程,也是重要的学习策略。数学学习中的类比迁移是指使用学习过的样例或解决过的问题来解决当前面临的新问题。可以说,绝大多数数学问题解决中都存在类比迁移的过程。连四清教授的研究团队针对中学生数学学习中的类比迁移进行了广泛研究,内容涉及一元二次不等式(连四清,佘岩,王欣,2014)、多项式合并同类项(张令伟,连四清,王晨,2016)、余弦定理(张令伟,连四清,许云尧,2016)等很多方面。总体来说,靶问题和源问题越相似,则源问题的解法迁移到靶问题的效果越好,学生自身的迁移水平也有显著影响。

(二) 影响中学数学成绩的认知因素

到了中学阶段,基本认知能力仍然对数学成绩有着重要的影响。研究发现,七年级学生的工作记忆与其数学成绩有明显的关系,类比推理部分中介了工作记忆对数学成绩的影响。同时,元认知对于这一中介过程的后半路径有调节作用。也就是说,七年级学生的数学工作记忆通过数学类比推理影响其数学成绩,而这一作用随数学元认知能力的提升而减弱(郝嘉佳,陈英和,陈艺萍,白学军,2017)。这提示在数学教学中可以通过提高元认知水平来改善工作记忆较差的学生的数学学习,减弱甚至消除工作记忆差的不利影响。

(三) 中学生的数学焦虑

与小学生相比,中学生的数学焦虑具有更清晰的成分结构。陈英和教授的团队探讨了高中生数学焦虑的结构,并编制了"高中生数学焦虑量表"(黄大庆,张日昇,陈英和,2008)。根据因素分析的结果,量表中包含了五个因素:数学解题焦虑、观察焦虑、考试焦虑、考前焦虑和生活焦虑。研究发现,我国高中生数学焦虑的内容成分比较多样,涵盖了数学学习的各个方面。

三、重视智力成熟前数学能力的培养

如前所述,中学后半阶段,约高中二年级(16—17岁)是人的智力或思维的成熟时期,成熟前的中学生的智力、思维和数学能力在迅速地发展着。抓住其智力成熟前的可塑性,有的放矢地培养其数学能力,是中学数学教与学的一项重要任务。

(一) 在中学数学教学中,抓紧学生成熟前的智力培养

从上述中学生的概括能力、空间想象能力、命题能力和逻辑推理能力这四项指标来看,八年级是抽象逻辑思维的质变时期,是中学阶段运算思维能力发展的转折点或关键时期。高一年级之后,约16—17岁,是数学运算中逻辑思维"初步定型"的年龄。我在调查中获悉,初中学生数学运算能力的变化大,可塑性强,还不稳定;初中毕业到高一结束这一阶段,学

生的数学运算能力仍然存在比较显著的变化；高一下学期或高二上学期，学生的数学各运算能力之间的相关性很强，高一下学期与高二年级的数学成绩波动很小。如前所述，大学生数学运算能力的基础基本上是在高中阶段奠定的。由此可见，16—17岁是数学运算的基本成熟期，也是一个人的思维能力与智力的基本成熟期。

显然，成熟前的运算能力、思维能力与智力的可塑性和变动性要比成熟后大；成熟后的运算能力、思维能力与智力的稳定性和"不变性"要比成熟前大。可见，抓紧学生成熟前的时机进行运算能力、思维能力与智力的培养是何等重要！

在中学数学教学中，如何抓紧学生成熟前的智力培养呢？

1. 以中学生运算能力发展的年龄特征为编写数学教科书、安排数学教材和选用教法的一个出发点

教育工作者的任务在于从这个出发点引导学生智力的发展，这不仅是心理学工作者所强调的，而且是优秀数学教师的经验证明了的。

数学教学中有两种倾向值得注意：一种是不顾学生的心理发展水平，过早地向某一年级下放难度较大、使学生费解的教材，过高地向学生提出不适当的要求。当前，用增加学生负担的教学代替正常教学的风气仍然盛行。尽管急于提高教学质量的出发点是好的，但它往往与学生一定年龄的思维水平与智力水平的实际脱节。另一种是不能从学生思维与智力发展的可能性出发，不能挖掘学生的潜在能力，不去积极引导学生向前发展，出现所用教材与实际年级相差很大的情况，且长期不去追上实际年级水平，这些是与年龄特征规律相违背的。

2. 要抓紧关键年龄抽象逻辑思维的真正"起步"

每个年龄阶段都有一个关键年龄。八年级是抽象逻辑思维发展中的质变时期，在正常的数学运算中，不管是数学概括能力、空间想象能力还是数学命题能力或数学运算的推理证明能力，八年级都是一个转折点。八年级前后，思维的具体形象与抽象逻辑成分，判断、推理的水平，空间运算的程度都形成了一个明显的对照。有的心理学家认为，失去关键年龄等于失去一个发展的时机。我并不同意这种"过了这个村，就没有那个店"的绝对论观点，不过认识关键期，合理安排数学教学，可以促使运算能力早日实现质变。要防止这个质变期往后推，以致影响成熟前思维能力与智力的发展水平。

3. 狠抓数学教学的重点与难点，加强基本知识和基本技能的训练

数学教学千头万绪，其核心仍然是加强基本知识和基本技能的训练。如前所述，这是发展智力的基础，是教师备课、讲课与留作业时必须考虑的重点。

基本知识不一定很深很难，但就其在中学数学中的地位来说却是十分重要的。例如，学生学代数，用字母代表数，这是容易懂的，但问他"a代表什么数"就说不上来了。有的教师认为基本知识比较简单，学生容易懂，往往在备课或讲课时，将精力放在解难题上，这是本末倒置。基本概念是基本知识的核心，要加强基本知识，就要重视基本概念。在备课时彻底理解每个基本概念的内涵、外延，还必须研究如何把基本概念向学生叙述清楚，并有条理而严谨，使学生听了之后印象深刻。

难点倒不见得每节课都有，所谓难点就是理解起来较抽象的数学知识。要突破难点，一般来说，可用使抽象的内容形象化、理论的问题具体化的方法。教师可以从日常生活中学生所熟悉的或已掌握的知识开始引入课题，即由浅入深、由熟到生，这样学生听起来比较容易接受。只有学生理解了这些难点，提高了理解能力，才能促进其思维能力和智力的发展。

数学的基本技能训练可以通过布置精选的作业来实现。数学的作业应该包括钻研领会课文的内容和习题两部分。有的教师布置作业只平平地向学生点几道题，导致学生养成在课下只做题、不看书的坏习惯，这个责任应归咎于教师。有经验的教师每次布置作业时，先向学生指出课本里的第几页第几段是今天讲的内容，要认真看，再指出下节课要讲第几段，请做好预习，然后点题。这样，就把基本知识与基本技能有机地结合起来了。作业的数量不宜过多，习题要精选，要将课本、习题集里的题与总复习题搭配好。做习题的目的：一是为巩固课堂上讲的基本概念与知识；二是为下一节课做准备；三是培养学生的逻辑思维能力。如遇有个别习题需要启发的，要注意只能启发，不能完全告诉学生怎样做，那样反而有碍于学生的思维能力发展。

4. 中学数学教学应加大抽象度，渗透规律性的教学内容

中学数学教学要注意四点。

（1）不能死板，要尽量把课教活。在讲解一些重要或难懂的知识时，不仅需要从正面引入（教材大都如此），而且应该从侧面、反面来说明，不然容易产生生搬硬套现象。例如，学生由于不顾$\sqrt{a^2}=a$ $(a\geqslant 0)$的限制条件，往往会写出$\sqrt{(-3)^2}=-3$，或不问具体条件，盲目搬用一元二次函数的求极值方法，等等。这些问题的纠正，教师可以多利用反例。例如，让学生判别$\sqrt{7^2}=7$，$\sqrt{0^2}=0$，$\sqrt{(-5)^2}=-5$的正误并说明理由，举出二次函数的条件极值的例子，说明忽视条件会出现荒谬的结论等。通过反例，使学生体会一个公式或方法的使用条件，以免思维僵化。

（2）不应该千篇一律，什么都得从直观教具出发，而要加大抽象度，揭示内在的教学规律，从大量数学基本知识中指出带有普遍性的数学规律。例如，几何教学中，通过典型例题的分析，向学生指出证明线段的和、差、倍、分有具体的、清晰的方法可循。当然这项要求应考虑到学生的年龄特征，不同年级应有不同的做法。

（3）不仅要传授数学知识，而且要传授运算方法；不仅要批改数学作业，而且要帮助学生总结适合个人特点的运算方法和技巧。

（4）引导学生概括，使所学的数学知识成系统。北京教育出版社曾出版过《图析考点·能力思维导图：初中数学（修订版）》（马艳，刘冬云，2010），作者制作了初中数学知识结构与思维导图，其用意之一是帮助学生在数学考试中考出好成绩。我并不提倡学习是为了考试，但该书的中心思想是阐述学习上要想有更深入的思考和理解，就要学会把看似分散的知识点连成线、结成网，使学习的知识系统化、规律化、结构化，这个观点是正确的。

总之，教师的责任就是善于引导学生把知识宝库的锁打开，让学生走进去。会开锁的教师能抓住问题的要害，事半功倍，学生容易进去；不会开锁的教师，事倍功半，花费了很大力气，也没把锁打开，学生仍被关在门外。加大抽象度的教学，是关键问题。教学内容的锁又是教材内容的关键问题，关键性的内容一定要讲究教学方法。方法对路，效果就好。

（二）培养中学生的数学自学能力

让中学生进行自主学习和探究学习，培养中学生的数学自学能力，是当前数学教学中亟待研究的一个重大课题。

教学实践证明，有较好自学能力的学生往往数学成绩也比较好，个别冒尖的学生更是与他们经常阅读数学课外读物有关。相反，有的学生不注意阅读教科书，花大量时间做题目，但成绩提高并不显著。升入大学或参加工作后，自学能力较强的学生往往能比较快地适应大学学习生活或胜任工作；反之，则较难适应或难以胜任。古今中外的无数事实说明，自学是智力发展和人才成长的重要途径。20 世纪 80 年代初，有人对当时做出重要贡献的 400 名科技人员进行了调查，发现其中上过大专院校的，占 46%；上过业余大学的，占 5%；没有上过大学的，占 49%。没有上过大学的人取得重大的科技成就依靠什么呢？依靠自学。如湖南青年王晓星，高中毕业后在劳动期间一直坚持自学，后来当了电工，每天还一直坚持自学 2~4 小时。1979 年 11 月，经过考核，他被调到国防科技大学任数学教师。由此可见自学的重要性与培养中学生自学能力的迫切性。不少教学第一线的中学数学教师与心理学工作者都在探索、尝试培养学生自学能力的问题。

1. "读、讲、练"的方法

不少有经验的中学数学教师，用"读、讲、练"的方法进行课堂教学，这是一种既能培养学生的自学能力又能使其学好知识的切实可行的办法。

读，是指学生自己读书；讲，是指教师的讲授与要求；练，是指学生在教师指导下有目的的练习。读、讲、练三位一体，不可分割。具体的做法如下。

- 各个击破。数学书一般包括公理、定义、定理、公式、法则与例题等内容，这些内容各有特点，阅读方式有所不同，可以由易到难，各个击破；不同年级，可以有不同的要求；要照顾个体差异，因人制宜。
- 循序渐进。开始教师讲得多一点，指导得具体一点，以后逐步让学生多看、多想一些。按照自学过程的深入，可以从"先讲后读"到"先读后讲"，再到"读读、讲讲、练练"。
- 逐步提高。随着学生自学能力的提高，逐步提高他们自学的要求。

浙江省杭州第二中学数学教研组采用了"水涨船高"的办法。具体的做法如下。

- 学定义，开始时要求完整叙述，能举出例子，以后要求弄清定义中新旧概念的关系。对定义逐步推敲，掌握概念的本质属性，再进一步要求与相似的概念或容易混淆的概念进行比较，弄清它们的联系与区别。
- 学定理，开始时要求能分清条件和结论，知道定理的初步应用，以后要求能自行证明，并分析证明的思路，再进一步要求比较有关的定理，总结定理各方面的应用。
- 学公式，先要求能用语言和字母正确表示；然后要求弄懂公式的推导、推导的层次、公式的应用及应用的条件、公式的特点与记忆方法，并与类似的公式进行比较，总结公式的应用。
- 学习例题，开始时要求看懂第一步，分出层次，掌握书写的规范；以后要求分析解题的层次、思路与关键，以及是否有其他解法。如果是相关的一组例题，还要求相互比较，寻找解题规律。

上述方法体现的特点如下。

- 增强学习的主动性。读书的目的之一是培养学生学习的主动性。他们预习时，事先找出难点，或按照教师出的思考题思考和讨论，以便听课时集中精力解决问题。课后做作业（练习）之前，他们先读书，主要是复习，同时进行对比，看教师是怎么讲的、书上是怎么说的。单元学完后读书，着重系统整理。

- 加强知识的系统性。"水涨船高"的自学，也就是使学生逐步能够"统观全局"，便于从整个学科上认识自己所学的那部分知识的重要性，同时便于在比较和鉴别中加深对数学基本概念及概念系统的理解。
- 有利于巩固所学的知识。用读、讲、练三者相结合，学生必须自己动手，要列出"纵""横"提纲，经过深思熟虑。这不仅提高了思维能力，而且提高了记忆力，有利于巩固所学的知识。
- 更好地发挥教师的主导作用。引导学生进行自学，在读、讲、练中，处处体现教师站得更高、看得更远。教师的课堂讲授起着画龙点睛的作用，而且在培养学生自学的过程中，教师提出的思考题往往起着关键作用。它要体现一定的要求，并且具有启发性，使学生通过思考题引路，在自学中达到能看、能懂、能总结（列提纲等）和熟悉公式的目的。

2. "启、读、练、知"的方法

中国科学院心理研究所卢仲衡教授等心理学家运用各种有效的心理学原则，总结欧美"程序教学"的实验经验，吸收了其某些有利因素，剔除了其某些不足之处，结合我国的实际情况与优秀教师的经验，提出了"启、读、练、知"综合教学的方法，培养中学生的自学能力。"启"，就是在学生学习产生问题或困难时，由教师及时启发学生；"读"，就是学生自己动脑动手阅读课本；"练"，就是学生自己单独地做练习；"知"，就是学生当时就知道自己做练习的结果，自己可以即时批改作业。他们编写了自学教材。这套自学教材有三个本子：一个是课本，它与人民教育出版社出版的教材的不同之处，是寓心理学原则和教法于教材之中；二是练习本，它与一般练习本的不同之处是把习题印在本上，留出空白让学生做题；三是答案本，它的作用是学生做完练习题后，根据这个本子核对答案，及时了解自己的学习结果。因此，这种教学也称为"三个本子教学"。

当然，重要的是编写自学教材。自学教材在内容、要求方面，与统编教材一致，除了在讲解部分较细之外，还贯彻八条心理学原则。

- 在自学的进程方面，采取适当的步子，从小到大，以适应并促进学生学习能力的提高。
- 在做习题的过程中，使学生能按计划对答案，知道正误，及时"反馈"，起强化或纠正作用。
- 在陈述、表达、运算形式方面，由开展到压缩，从详细到简略，以训练简捷思维和培养概括能力。
- 通过判别正误型的习题等，直接揭露问题的本质特征，以加深对概念的正确理解，培养鉴别能力。
- 在一系列练习中，尽量做到前题对后题有启发作用，使学生在学会解题的同时，养成思维的连贯性。
- 尽量采取变式复习，避免机械重复，使学生能掌握题型，灵活运用，并培养概括能力。
- 强调操作原则，使学生把一系列方法分层归类地组织运用，训练思维的条理性、层次性。
- 尽量运用可逆性联想，培养心理程序逆转的灵活性。

这里，就思维的原则，例举三条原则加以说明。

第一，按步思维的原则。学生在解决数学问题时，常常感到不知从何着手。要解决如何着手思维的问题、思维的条理性问题，最好就是按步思维。但按步思维会不会形成刻板性而妨碍思维的灵活性呢？以编写因式分解的自学教材为例，让学生按步骤去想题。第一步，不管几项式，首先考虑这个式子有没有公因式，如果有公因式就要先提公因式；第二步，考虑是几项式，如果是二项式就要考虑是不是能用平方差和立方和、立方差的公式去分解，三项式、四项式、五项式又应用什么方法，等等；第三步，分得的因式还能分解，就要继续分解；第四步……同时也给予另外一些题，例如，是二项式但不能用二项式的公式去分解的题，让学生练习，以防止思维的刻板性。研究者用一些比较难的题让学生做，学生都能灵活地加以解决。

按步思维对于训练思维的条理性，以及如何着手解决问题会产生一定的积极作用，这一点是要肯定的。但是对于按步思维是否会妨碍思维的灵活性这一点还应做深入的研究。

第二，可逆性联想原则。可逆性联想是数学思维的一条重要原则。如加与减、乘与除、乘方与开方、指数与对数，以及几何中原定理与逆定理等，都是互逆的。但是可逆性联想的形成是不容易的。例如，有些学生学过乘方，也学过开方，后来忘了开平方的方法，他就不会利用可逆性联想从乘方乘出数来推出开平方的公式。由此可见，在数学思维中，可逆性联想是重要的，应该有意识地从每个具体公式、定理的可逆性出发，逐渐培养学生具有高度概括性的可逆性联想。因此，可逆性联想这条原则应该成为编写学生自学教材的一个原则。

第三，尽量采用变式复习，避免机械性重复。学生在小学学分数的时候，学了当分母为 0 时，分数没有意义。初中学代数时，也强调分母不能为 0。对于简单的分式题，如 $\dfrac{1}{x(x+1)}$，学生都知道当 $x=0$ 或 $x=-1$ 时，这个式子没有意义，即使犯错误也是由粗心引起的，因此，课本中都用这类题来复习分式中分母为 0 时，分式没有意义的概念。如果用一道繁分式题来测验，如"x 为何值时，分式 $\dfrac{1}{1+\dfrac{1}{1+\dfrac{1}{x+1}}}$ 没有意义？"解出这道繁分式题就能很清楚地看到，$x=-1$ 或 $x=-2$ 或 $x=-\dfrac{3}{2}$ 时，这个繁分式没有意义。可是多数学生有错误，考虑不全面，这种以偏概全的现象，在初中学生中是常见的。如果多做一些这样的变式题，可以避免学生机械地重复，提高学生解题的能力，这也是编写学生自学教材时应该重视的原则。

20 世纪 80 年代前后，上述实验研究在全国 7 个省市的 20 多所学校中协作进行，并取得了一定的成果：实验班的多次考试成绩，越来越高于对照班；实验班学生的自学能力得到了一定程度的成长；节省了学习时间，减轻了学生的课外负担；成绩较差的学生也能采用以自学为主的教学方法。由此可见，"启、读、练、知"的方法，能提高教学质量和学习效果，同时也说明自学因素在教学和学习中的重要性。令人惋惜的是，由于卢仲衡教授的去世及其他一些原因，这项试验在21世纪初没有坚持下去。

上面两种培养中学生自学能力的方法有一个共同点，即自学能力是一种综合智力活动，它是一种智力活动向另一种智力活动的"迁移"。自学形式之所以能提高教学质量和学习效果，是因为它符合人类认识事物过程的心理原则。

首先，在自学的过程中，学生的思维和其他心理活动自始至终处于积极状态。在这种积极主动的状态下，人们对外界事物变化和相互关系的理解速度快、灵敏性高，因此接受知识既较快又较牢固。

其次，学生的学习是在自己原有知识水平的基础上进行的，符合循序渐进的原则，既容易接受知识，又能激发起学生对学习的兴趣，养成热爱学习的好习惯，有利于知识的获得和理解能力的提高。

再次，自学以视觉器官为主要手段，刺激不会因时间和空间的变化而消失，便于学生对接受的知识进行分析、综合、归纳、比较，也就是说，对所学的知识可以有一个"消化"的过程，使学的知识扎实、牢固并加深对其理解。

最后，自学这种形式能做到及时强化，及时进行自我调节，巩固正确，剔除错误，使掌握的知识准确性高。

因此，有计划地培养中学生这种综合智力活动的自学能力，是中学数学教学中一项必不可缺的任务。

四、引进一些现代数学，有助于中学生抽象思维的发展

纵观数学的历史发展，它可以划分为初等数学、高等数学和现代数学

三个阶段。

阿克彼洛夫在《现代数学的内容和对象的问题》（转引自：史柯，1983）中指出，现代数学具有如下区别于其以往各个发展阶段的特点。

- 各个主要数学分支——几何、代数和分析彼此深刻地相互渗透。
- 创造新的一般概念——向新的更高度的抽象转变。
- 大大扩展数学的对象及其应用范围。
- 新理论和更为有效的数学方法不断产生。
- 几何论点在一定程度上居于支配地位，合理方法得到扩展、趋于完善，并同集合论观念相结合。
- 深刻分析现代数学的基础，分析它的各个概念的联系、理论的结合、数学证明的方法，也就是在由集合论和数理逻辑构筑的新的一般的逻辑基础上来发展数学研究。

根据这些特点，阿克彼洛夫指出了现代数学对象的性质。

- 只要适当扩充空间形式和数量关系的概念，恩格斯提出的关于数学对象的定义（数学是研究"现实世界的数量关系和空间形式"的科学）仍然适用于现代数学。
- 现代数学是关于各个量之间的可能的、一般来说是变化的数量关系和相互联系的科学。
- 对于现代数学来说，重要的仅仅是被研究对象之间的数量关系的结构。
- 如果说以往把几何乃至整个数学解释为关于数量关系的科学，那么今天几何和全部数学已不再是关于数量关系的科学，因为数学中明显地渗透进了量和质统一意义上的测度这个范畴。
- 现代数学愈益成为非度量的和非数量的，数量只属于现代数学的一个很小的领域。
- 现代数学的中心是"次序"和"结构"这两个概念。
- 现代数学是关于模型和结构的科学。
- 现代数学乃是抽象形式——数学结构的总汇。

- 现代数学研究所存在的对象领域表现出理性精神，以及与其他科学结合形成系统科学。

北京大学杜珣教授等人（杜珣，孙小礼，1992）指出了现代数学的六大特点和意义。

- 现代数学的研究对象、研究内容和研究方法都呈现出高度的抽象和统一。
- 注意公理化体系的建立和结构的分析。
- 注意不同数学学科的结合，不断开拓新的数学领域。
- 研究与现实世界更符合的数学模型和解决更复杂的数学问题。
- 与电子计算机紧密联系。
- 数学向一切科学和社会部门渗透（如在心理学领域大显身手，出现了"数理心理学"这样的边缘学科）。

杜珣教授等还指出："现代数学阶段以康托儿建立集合论（1874）为起点，'康托儿的集合论，独创新意，高瞻远瞩，为数学立了基础'。20世纪以后，用公理化体系和结构观念来统观数学，成为现代数学阶段的明显标志。现代数学的研究对象是一般的集合，各种空间和流形，它们都能用集合和映射的概念统一起来，已很难区分哪个属于数的范畴，哪个属于形的范畴了。"（杜珣，孙小礼，1992）

以上所引数学家的论述，阐明了现代数学的特征和意义，也为中学数学引进现代数学奠定了一些理论基础。

从思维心理学的角度看，中学的数学基本保留传统体系，但又引进集合、数理逻辑、近世代数（群、环、域、向量空间、矩阵代数等）、微积分、概率统计、算法语言等初步知识；分科而不是统一，保留欧氏几何，做必要的删除，在传统的基础上局部地渗进一些现代数学思想。这样安排的优越性是比较多的。

第一，现代数学的思想必须引入，这是"数学教育现代化的必然趋势"。集合论、数理逻辑、群、环、域等近世代数的某些内容体现了数学的高度抽象性，它们是从数学的基础着眼的。微积分、概率统计、算法语言等是从应用角度着眼的，体现了数学的广泛应用性。我国中学数学教学不能处于世界"数学教育现代化"之外。因此，必须引进现代数学的思想。

第二，传统数学的多数内容是最基本的，数学教育不能割断历史，更不能忽视历史。中学数学要面对一切学生，而不仅是培养数学家。数学教学更重要的目的是发展学生的智力，欧氏几何对培养学生的逻辑思维能力有重要意义，它采用比较自然而又朴素的方式，多少年来都是行之有效的。在学生没有相当的抽象逻辑思维能力或思维发展尚不成熟之前，不宜过早地引入纯抽象的概念，否则多数学生实际上接受不了或理解不了。如果不是渗透现代数学思想而是完全以现代数学为基础，就会影响学生的学习成绩与学习积极性，也不利于学生智力的发展。

因此，我认为，在中学数学课程中，现代数学内容采取"引进"而不是"代替"，"渗透"而不是"全部"，"分科"而不是"统一"的方式是合适的。

在中学数学中，引进与渗透现代数学思想有何好处呢？以传统数学知识中渗透集合论的基本思想和方法为例，它不仅可以使学生自中学起较早地掌握一些现代数学的基本观点和方法，巩固和加深对传统数学知识的理解，而且有利于发展学生的抽象思维能力。

七年级、八年级的学生学习集合知识时，常常用数学概念表达集合的对象特征，无论是给出集合中元素的特征，如 $\{自然数\}$，$\{有理数\}$，$\{三角形\}$，$\{绝对值小于5的整数\}$……要学生明确集合中有哪些元素，还是给出具体的元素，如 $\{3, 6, 9, 12, \cdots\}$，$\{10, 100, 1000, \cdots\}$ 等，要学生用数学语言抽象出集合中元素的特征，都要求学生准确地了解概念并借以发展学生的逻辑思维能力。

集合论具有高度的抽象性，如果引导中学生，尤其是高中生用集合观点处理传统数学内容的习题，就能促进中学生在一定程度上发展智力品质的抽象程度，即智力品质的深刻性与独创性。

以向量为基本工具，采用集合—对应、几何变换等观点处理初等数学中的一些重要内容,不仅可以使学生领略现代数学思想的基本精神,而且可以使传统内容焕发青春。

例如,三角函数是非常传统的内容,因为三角函数的基本性质就是圆的几何性质(主要是对称性)的解析表示,所以我们可以借助圆的旋转对称性,用平面向量、变换的观点来讨论三角函数的性质。

(1)关于 x 轴的轴对称变换 $T_1: \theta \to -\theta$,单位圆上的点 (x, y) 经 T_1 变为 (x_1, y_1),则有 $(x_1, y_1)=(x, -y)$,也就是
$$\cos(-\alpha)=\cos\alpha, \quad \sin(-\alpha)=-\sin\alpha。$$

(2)将 α 的终边绕原点逆时针旋转 $\dfrac{\pi}{2}$ 的旋转变换 $T_2: \alpha \to \dfrac{\pi}{2}+\alpha$,单位圆上的点 (x, y) 经 T_2 变为 (x_2, y_2),则有 $(x_2, y_2)=(-y, x)$,也就是
$$\cos\left(\dfrac{\pi}{2}+\alpha\right)=-\sin\alpha, \quad \sin\left(\dfrac{\pi}{2}+\alpha\right)=\cos\alpha。$$

在上述两种变换下,就可以得到所有诱导公式。例如,经过两次 T_2 变换,就有 $\alpha \to \pi+\alpha$,于是
$$\cos(\pi+\alpha)=\cos\left[\dfrac{\pi}{2}+\left(\dfrac{\pi}{2}+\alpha\right)\right]=-\sin\left(\dfrac{\pi}{2}+\alpha\right)=-\cos\alpha,$$
$$\sin(\pi+\alpha)=\sin\left[\dfrac{\pi}{2}+\left(\dfrac{\pi}{2}+\alpha\right)\right]=\cos\left(\dfrac{\pi}{2}+\alpha\right)=-\sin\alpha。$$

经过一次 T_1 变换,再经过一次 T_2 变换,就有 $\alpha \to -\alpha \to \dfrac{\pi}{2}-\alpha$,于是
$$\cos\left(\dfrac{\pi}{2}-\alpha\right)=-\sin(-\alpha)=\sin\alpha,$$
$$\sin\left(\dfrac{\pi}{2}-\alpha\right)=\cos(-\alpha)=\cos\alpha。$$

事实上,所有三角公式都可以这样来认识:终边相同的角的三角函数就是旋转 2π 的整数倍的旋转变换,诱导公式就是变换 T_1,T_2 及其合成。特别地,和(差)角公式就是旋转任意角的旋转变换。

显然,圆上任意一点在圆周上任意旋转,结果仍在圆上。用另一种方式表示,就是:单位向量 $\overrightarrow{OA}$ 转任意一个角 α 到 $\overrightarrow{OB}$,点 B 仍在圆上。单位

圆转来转去仍是单位圆，这就是它的旋转不变性，也是它的对称性。

设单位向量 $\overrightarrow{OA}$ 对应任意角 α，将 $\overrightarrow{OA}$ 任意转一个 β 角到 $\overrightarrow{OB}$，点 B 仍在单位圆上。对此可以从两个角度看：

一是与终边 $\overrightarrow{OB}$ 对应的角为 $\alpha+\beta$，所以有
$$\overrightarrow{OB} = \cos(\alpha+\beta) \cdot i + \sin(\alpha+\beta) \cdot j。 \quad ①$$

二是 $\overrightarrow{OB}$ 是将 $\overrightarrow{OA}$ 旋转 β 而得的。以 $\overrightarrow{OA}$ 为横轴建立坐标系，记其上的单位向量为 i'，并记其纵轴上的单位向量为 j'，则有
$$\overrightarrow{OB} = \cos\beta \cdot i' + \sin\beta \cdot j'。 \quad ②$$

又，在原坐标系中，i' 可以表示为
$$i' = \cos\alpha \cdot i + \sin\alpha \cdot j。 \quad ③$$

而 j' 是 i' 再转 $\dfrac{\pi}{2}$ 的结果，于是它所对应的角为 $\alpha+\dfrac{\pi}{2}$，故
$$j' = \cos\left(\alpha+\dfrac{\pi}{2}\right) \cdot i + \sin\left(\alpha+\dfrac{\pi}{2}\right) \cdot j = -\sin\alpha \cdot i + \cos\alpha \cdot j。 \quad ④$$

将式③和式④代入式②即有
$$\overrightarrow{OB} = \cos\beta \cdot i' + \sin\beta \cdot j'$$
$$= \cos\beta(\cos\alpha \cdot i + \sin\alpha \cdot j) + \sin\beta(-\sin\alpha \cdot i + \cos\alpha \cdot j)$$
$$= (\cos\alpha\cos\beta - \sin\alpha\sin\beta)i + (\sin\alpha\cos\beta + \cos\alpha\sin\beta)j。$$

利用平面向量的基本定理，即有
$$\cos(\alpha+\beta) = \cos\alpha\cos\beta - \sin\alpha\sin\beta，$$
$$\sin(\alpha+\beta) = \sin\alpha\cos\beta + \cos\alpha\sin\beta。$$

这就是和角公式。把 β 换成 $-\beta$，可得差角公式。

总之，用现代数学思想（变换思想）和工具（向量），不仅可以在内容处理上做到以简驭繁，而且可以有效地培养学生的抽象逻辑思维能力。

在中学里引入初步数理逻辑，不但对学生学习和掌握计算机的原理与使用有益处，而且对培养中学生的抽象逻辑思维能力有重要意义。初步数理逻辑主要是指命题演算，内容包括命题（或句子）、否定（非）、合取（与）、析取（或）、蕴含（若……则）、等价（当且仅当）、真值与真值表、代换原则、推理格式、否命题与逆命题、直接证明与间接证明等。

这些知识的学习能使学生提高数学概括能力、命题能力与逻辑推理的自觉性。例如，二元一次方程组

$$\begin{cases} a_1x + b_1y = c_1, \\ a_2x + b_2y = c_2. \end{cases}$$

（1）如果 $\dfrac{a_1}{a_2} \neq \dfrac{b_1}{b_2}$，则上述方程组有一个解；

（2）如果 $\dfrac{a_1}{a_2} = \dfrac{b_1}{b_2} = \dfrac{c_1}{c_2}$，则上述方程组有无限多解；

（3）如果 $\dfrac{a_1}{a_2} = \dfrac{b_1}{b_2} \neq \dfrac{c_1}{c_2}$，则上述方程组无解。

这里，分别做了三次推理。但初等代数只是用了推理，并不研究推理。而上述三种情况，用数理逻辑知识分析，要研究它们组成前提与结论的逻辑形式的关系。当前提是真的，结论一定是真的；当前提是假的，结论一定是假的。这样全面分析前提与结论之间的关系，有助于学生学会自觉地进行逻辑推理，提高推理能力。

数理逻辑强调推理形式，即在推理中常用的恒真命题。

例如，有两个人这样对话：

$p =$ "如果 $a = b$，那么 $a^2 = b^2$"。

$q =$ "要是这样，如果 $a \neq b$，那么 $a^2 \neq b^2$ 了"。

这个推理是错误的。为什么呢？

因为假定用 x 表示 $a = b$，y 表示 $a^2 = b^2$，就有 $p = x \to y$，$q = \neg x \to \neg y$。

上面这个判断 $(x \to y) \to (\neg x \to \neg y)$ 的真值表见表 9-1（"T" 表示真，"F" 表示假）。

表 9-1　真值表

x	y	($x \to y$)	$\to$	($\neg x \to \neg y$)
T	T	T T T	T	F T T F T
T	F	T F F	T	F T T T F
F	T	F T T	F	T F F F T

续表

x	y	$(x \to y) \to (\neg x \to \neg y)$			
F	F	F T F	T	T F T T F	
步数		1 2 1	4	2 1 3 2 1	

它不是恒真命题,因此不是推理格式。

由此可见,中学生如果学习了数理逻辑,掌握了推理格式,不仅能使推理过程比较自觉,而且能使推理的思维活动更加抽象,从而提高智力品质的深刻性。

五、中学奥数与中学生的智力发展

近年来,奥数的负面影响纷纷被各类媒体披露,方便快捷的互联网也让越来越多的老百姓有机会与媒体一起发表关于奥数的各种看法,而且批评奥数的声音明显占了绝对的多数。奥数几乎成了人人喊打喊杀的"过街老鼠"。封杀奥数,让奥数消失的声音不绝于耳,而且有来自教育行政主管部门、人大代表和政协委员的呼声。

奥数究竟怎么了?我们是应该封杀奥数,还是应该让它合理地存在下去?为什么伴随着让奥数消失的声音,依然有许多家长愿意让自己的孩子参加奥数训练?奥数对学生来说意义何在?显然,要回答这些问题,必须深入分析奥数训练对发展智力、培养能力的作用和价值。我结合智力发展的条件从以下三个方面来谈。

(一)奥数训练有效拓展了中学生的数学视野,丰富和完善了他们的数学知识结构

智力发展的动力源于学生内部的需要以及原有的思维水平或思维结构。思维材料是思维结构的基本组成部分,就数学思维能力而言,学生的数学知识结构是其赖以发展的前提。中学数学竞赛训练,首先就是在中学数学

课程内容的基础上进一步拓展、拓宽。这样做的好处，一方面在于让学生深刻领会数学课程的基础知识，从更广阔的情境中把握数学理论的实质及其应用的条件，从而完善他们的数学认知结构；另一方面在于让学生有更多的机会经历数学对自己智力的挑战，从而激发学生内部的求知欲望。

例如，根据《义务教育数学课程标准（2011年版）》的规定，在现行初中教材里，以人教版教材为例，有关因式分解的内容只涉及提取公因式法、公式法，其中公式包括平方差公式和完全平方公式，没有介绍立方和（差）公式和完全立方公式。而二次三项式的因式分解被放到了"观察与猜想"部分，其地位已经被弱化，并且只要求学生了解形如 $x^2+(p+q)x+pq$ 的因式分解。我们知道，与平面几何类似，因式分解需要一定的技巧性，需要学生具有较强的观察力，解题时需要根据问题的特点灵活选用公式，对学生的思维具有挑战性，是训练他们的运算技能技巧、培养数学思维能力的一个可用平台。虽然由于数学软件（如 CAS 系统）的发展使因式分解技巧性内容的作用大大削弱，但在初中奥数中用它来训练学生的解题技巧和数学思维还是可行的。

例1 因式分解：

(1) $ax^2 - bx^2 - ax + cx^2 + bx - cx$；

(2) $2(a^2+b^2)(a+b)^2 - (a^2-b^2)^2$；

(3) $2y^2 - 5xy + 2x^2 - ax - ay - a^2$；

(4) $(1+y)^2 - 2x^2(1+y^2) + x^4(1-y)^2$。

分析：

(1) 本式项数较多，考虑分组分解。经过适当调整，进行两两组对，可发现公因式，即

原式 $= (ax^2 - ax) - (bx^2 - bx) + (cx^2 - cx)$

$\quad = ax(x-1) - bx(x-1) + cx(x-1)$

$\quad = x(x-1)(a-b+c)$。

(2) 经观察，后一项应用平方差公式分解可出现公因式，提取公因式

之后再进一步整理并运用完全平方公式。本题提高了公式运用的抽象水平。

$$原式 = 2(a^2+b^2)(a+b)^2 - (a+b)^2(a-b)^2$$
$$= (a+b)^2[2(a^2+b^2)-(a-b)^2]$$
$$= (a+b)^4。$$

（3）观察可发现，前三项可用十字相乘法分解，后两项可提取公因式，这样整个多项式又变为三项式的形式，再次应用十字相乘法尝试，发现可以分解，即

$$原式 = (2y-x)(y-2x)-a(x+y)-a^2$$
$$= (2y-x+a)(y-2x-a)。$$

（4）尝试用公式法或十字相乘法，都无法直接分解。但是如果将中间项的 $1+y^2$ 改为 $1-y^2$，就可以得到完全平方形式，然后再利用平方差公式可分解，最后运用分组分解法可得理想的分解式，即

$$原式 = (1+y)^2 - 2x^2(1-y^2) + x^4(1-y)^2 - 4x^2y^2$$
$$= [(1+y)-x^2(1-y)]^2 - (2xy)^2$$
$$= [(1+y)-x^2(1-y)+2xy][(1+y)-x^2(1-y)-2xy]$$
$$= [(1-x^2)+y(1+2x+x^2)][(1-x^2)+y(1-2x+x^2)]$$
$$= (1+x)(1-x)(1-x+y+xy)(1+x+y-xy)。$$

又比如，抽屉原理是一个十分生活化的数学原理，意思是说，如果你将 $n+k(k\geq 1)$ 个球放入 n 个抽屉里，那么必然有一个抽屉至少放了 2 个球。这是一个近乎常识的原理，不仅贴近现实，而且即使是小学生也能明白。我们知道，一个原理越是简单，越是接近常识，那么它的应用范围就越广泛，但同时它的变化也会更加灵活多样。抽屉原理就是这类原理。应用这一原理解决问题时，关键是要根据问题的特点和需要构建适当的"抽屉"——数学模型，而在构建"抽屉"时，需要较强的抽象逻辑思维能力。于是，抽屉原理便成为奥数这个开放式系统的一个活跃分子，无论是小学数学竞赛还是中学数学竞赛，命题者都经常以该原理为知识点命题。

例 2 某初级中学的数学兴趣小组共有 40 名学生，他们中年龄最大的 15 岁，最小的 13 岁。试证明：在这些学生中总能找到 2 名学生是同年同月

出生的。

分析：根据题意，学生的年龄有 13 岁、14 岁、15 岁三种，所以他们可能出生的年份也只有三种，因而出生的年月份就有 36 种可能。设想将这 36 种年月份看作 36 个抽屉，40 名学生看作 40 个球，放进 36 个抽屉里。依据抽屉原理，至少有 2 名学生出生在相同的年月份里，也就是这 2 名学生同年同月出生。

本例可以引申为：

某初级中学共有 1500 名学生，其中年龄最大的 16 岁，最小的 13 岁，问：在该校学生中是否一定能找到同年同月同日出生的 2 名学生？

抽屉原理的另一种表述形式是：若将 $nm + k(k \geq 1)$ 个球放入 n 个抽屉里，那么必然有一个抽屉里至少放了 $m + 1$ 个球。

例 3 证明：在任意 6 个人的聚会上，总能找到 3 个人，他们要么两两互相认识，要么两两互相不认识。

分析：可设 6 个人中某人为甲，甲与其余 5 个人要么认识，要么不认识。我们把"认识"和"不认识"看作 2 个抽屉，人看作球，那么将 5 个球放入 2 个抽屉里，必有一个抽屉里至少放了 3 个球。也就是说，甲与这 3 个人要么都认识，要么都不认识。不妨设这 3 个人为乙、丙、丁。若甲与 3 人都认识，则当这 3 个人中至少有 2 人互相认识时，例如，乙和丙互相认识，命题已经成立，因为这时甲、乙、丙两两互相认识；否则乙、丙、丁两两互相不认识，这时命题也成立。若甲与 3 人都不认识，同理可推知命题成立。

本题也可以通过构造图形来分析。用平面上的 6 个点表示聚会中的 6 个人，当两人互相认识时，就用一条实线段将他们对应的两个点连接起来；如果互相不认识，就用虚线段相连。这样命题就转化为证明图形中必存在一个三角形，它的三条边要么都是实线，要么都是虚线。证明思路与上面的方法相似，不再赘述。

应用抽屉原理解题，关键在于构造抽屉，有了"抽屉"，"球"也就"应运而生",这时抽屉原理便有了用武之地。然而,任何构造都是一个从无到有、从虚空到实体的过程,它需要解题者的创造性想象和敏锐的洞察力。

(二)与中学数学教材相比,奥数所用的数学思想方法技巧性更强,灵活性更大,常常需要专门的训练

数学思想方法是数学的灵魂,任何一种数学理论或数学分支的创立无不依赖于新的数学思想、数学方法的突破。笛卡儿的坐标法促使解析几何学科诞生,他倡导的数形结合思想使独立发展了两千多年的代数和几何从此走到了一起。人们可以用数的方法去解决形的问题,也可以用形的方法去解决数的问题。欧拉开创的抽象分析法使他成功解决了哥尼斯堡七桥问题,也正是这一方法让人们看到可以用图作为工具解决现实生活乃至数学内部的诸多难题,于是图论便诞生了。我们要发展学生的数学思维,同样离不开数学思想方法。与具体的数学概念、数学原理相比,数学思想方法具有更大的迁移空间,它能使思维更深刻、更灵活、更具独创性。而现行中学数学教材由于需要兼顾基础知识的覆盖面,许多基本的、重要的数学思想方法往往无法深入介绍,如奇偶分析法、同一法、配对法以及化归思想、对应思想、优化思想等数学思想方法都没有出现在教材里,教师也很少介绍。有的思想方法尽管在教材中提及,但都没有系统介绍,学生无法学透、学熟,如构造法、反证法、递推法等。奥数训练因为没有课时、内容的限制,因此可让学生接触到更丰富多彩的数学思想方法,并使学生得到充分的训练。

例 4 教室里有 5 排椅子,每排 5 张,每张椅子上坐一个学生。如果 10 天后每个学生都必须和他相邻(前、后、左、右)的某一位同学交换位置,问:能不能换成?为什么?

分析:解答这样的问题不需要复杂的计算,涉及的知识也只是基本的奇偶数性质,所以,只要具备这些知识,小学生就可以对付它。但是,即使是高中生,也不见得能轻松地回答这个问题,因为它更侧重于解题者的

观察分析能力。

如图 9-1 所示，我们不妨将 25 个座位标上序号。当一个学生要与他相邻的一位同学交换位置时，实际上是奇偶数座位号互换，于是，要实现所有学生之间互换一次位置，奇数号座位数与偶数号座位数应该相等。这是不可能的，因为奇数号座位数与偶数号座位数分别是 13 和 12。

1	2	3	4	5
6	7	8	9	10
11	12	13	14	15
16	17	18	19	20
21	22	23	24	25

图 9-1

应用奇偶分析法，我们可以解答许多类似的问题，如：

(1) 某中学的数学兴趣小组有若干人，若两个人通一次电话，则认为这两个人都打了一次电话。问其中打过奇数次电话的人数是奇数还是偶数？

(2) 黑板上写着三个整数，任意擦去其中一个，将它改写成为其他两数的和减去 1。这样继续下去，最后得到 1997, 2007, 2011, 问原来写在黑板上的三个数能否是 6, 6, 6？

例 5 设实数 x, y, z 满足：$x + y + z = \dfrac{1}{x} + \dfrac{1}{y} + \dfrac{1}{z} = 1$，求证：$x, y, z$ 中至少有一个是 1。

分析： 这是一道初中奥赛题，已知条件清晰明了，结论也很容易理解。可是，当解题者试图从条件出发，不断地变形、推导时，却发现目标并不清楚。也就是说，需要推出怎样的数学式子才能得到所证结论"x, y, z 中至少有一个是 1"呢？人的思维是以目标为导向的，目标不清晰，思维自然陷入混沌甚至盲目。因此，解答本题的关键是将所证结论进行变形和转换，使之变为一个容易导出或证明的数学式子。我们可以退一步，先考虑比较简单的命题：x，y，z 中至少有一个是 0。对于这样的命题，初中生很容易发现其等价命题是 $xyz = 0$。由此可以推知，"x，y，z 中至少有一个是 1"的等价命题就是 $(x-1)(y-1)(z-1) = 0$。于是，结合已知条件，采用顺推和逆推相结合的方法，就不难找到证题的思路了。

我经过调查发现，初中生或高中生都很容易想到"x，y，z 中至少有一个是 0"的等价式是 $xyz = 0$。可是，对于"x，y，z 中至少有一个是 1"，哪怕是数学专业本科生或在职的中学数学教师，也很难发现上述的数学等价式。这是为什么呢？我认为，这可能与学生掌握的数学图式有关。由于日常训练的关系，学生有较多的机会遇到：若 $xy = 0$ 或 $xyz = 0$，则意味着 x，y 中至少有一个是 0 或 x，y，z 中至少有一个是 0，这就形成了一种数学关系图式并保持在学生的头脑中，可随时提取应用。然而，"x，y，z 中至少有一个是 1"与"$(x-1)(y-1)(z-1) = 0$"的联系在日常训练中很少出现，因此，当学生面对命题"x，y，z 中至少有一个是 1"时，只有对原图式进行创造性改造，才能获得其等价式。创造性思维不仅体现在问题解决过程中，也体现在主体对已有心理图式的主动改造和重整上，这是主体形成良好认知结构的重要前提。

（三）奥数训练是挑战智力和激发好奇心二者并存的认知活动

与传统教材相比，现行中小学教材，特别是义务教育阶段的数学教材，在内容趣味性方面已经有所加强。可是，数学教材更强调内容的系统性和逻辑性，并侧重培养学生的数学基本运算能力、抽象思维能力和空间想象能力，所以趣味性和生活化成分往往会随着年级提高而逐步减少。而奥数是一个开放式系统，只要是学生力所能及的内容，都可以纳入该系统进行讲解和训练。因此，奥数训练既可以让学生接触到灵活多变、富有挑战性的数学难题，又可以随时添加趣味浓厚的问题，使认知活动更具吸引力，从而激发学生的好奇心和数学想象能力。

例 6 在圆周上给定 10 个点，把其中 6 个点染成红色，余下的 4 个点染成白色，它们把圆周划分为互不包含的弧段。我们规定：两端都是红色的弧段标上数字 2，两端都是白色的弧段标上数字 $\frac{1}{2}$，两端异色的弧段标上数字 1。把所有这些数字乘在一起，求它的乘积。

分析：本例是 20 世纪 90 年代我国某大城市的一道初中竞赛题，据说当时竞赛命题组给这道题提供的参考解法是分类讨论，解答过程比较复杂。竞赛结束后，阅卷老师发现有一位参赛的初中女生给出的解法十分巧妙，比参考解法更简洁明了，且具有一般性，用它可以解答本题的推广形式，着实令命题组专家惊叹不已。那么，这个巧妙的解法究竟是怎样的呢？

我们不妨先沿着一般考生思考的途径试一试：在圆周上标上 6 个红点，4 个白点，并按照题目要求在各弧段上标上相应的数字，计算这些数字的积为 4；再改变一些红点或白点的位置，并计算弧段上各数字的积，同样得到 4。经过若干次尝试，发现无论红点和白点的位置如何，弧段上各数字的积都不变，均为 4。这时，一般考生都不愿再做进一步思考和探索，而直接将答案确定为 4。显然，这样的解答既不严谨，也不完善，因为数学的精妙之处就是要找出变化中那些不变的理由和本质。该女生的聪明之处也正是在于她能进一步分析：为什么弧段上各数字的积与红白点的位置无关？结果她发现，与弧段上各数字的积有关的是红点和白点的个数，因此，她想到了给红点和白点赋值，只要这个赋值不改变题目规定的相应弧段上的数字就可以。赋值的办法是：红点赋 $\sqrt{2}$，白点赋 $\frac{1}{\sqrt{2}}$。这样，弧段上的数字就是该弧段两端点的值的乘积。因此，无论红点和白点的位置如何，各弧段上数字的积都是：$\left[(\sqrt{2})^6\left(\frac{1}{\sqrt{2}}\right)^4\right]^2 = 4$。注意，这里在计算弧段上数字时每个点都用了两次。

该女生解法的奇妙之处在于，如果将红点改为一般的 m 个点，白点为 n 个点，那么无论这些点在圆周上的位置如何，各弧段上的数字之积都是：$\left[(\sqrt{2})^m\left(\frac{1}{\sqrt{2}}\right)^n\right]^2 = 2^{m-n}$。

可见，该女生对上述问题的理解以及她的这一富有数学创造性的解法似乎已经超越了竞赛命题专家编制此数学问题的本意。她让我们看到，我国青少年拥有巨大的创造潜能，他们的聪明才智需要我们去深入挖掘和激发，并为他们提供更多的可以施展自己创造力的机会和平台。

总而言之，尽管奥数由于学生、家长和教师的某些急功近利的目的而出现了背离其初衷的倾向，但是，我们绝不能否认奥数在开发广大青少年的智力，挖掘其潜能方面的巨大价值。因此，与其一路封杀奥数，不如正确引导它，并合理利用它。

第一，我们希望新闻媒体记者不要只报道奥数的一些负面影响，而应该同时报道那些通过奥数训练获得健康发展的学生的案例，让广大家长和教师看到什么样的学生才能在奥数平台上受益。

第二，学生家长也应该对自己的孩子有个正确的评价，如果孩子的数学兴趣不浓，就不宜参加奥数强化班的训练。在这方面，数学教师和班主任应该给家长提供必要的参考和建议。

第三，各类奥数命题和训练资料应该把握好内容和问题的难度，尽量减少那些高技巧或运算过于复杂的题目，应侧重于数学思想方法的考查和训练。特别是要坚决杜绝那些初中题目小学化、高中题目初中化、大学题目高中化的编题思路，因为这种做法往往导致学生只会死记一些解题套路，陷入思维定式的泥潭，不利于培养学生灵活多变的思维品质和大胆质疑、敢于探索的科学精神。

参 考 文 献

[1] 安德森. 认知心理学[M]. 杨清，张述祖，等，译. 长春：吉林教育出版社，1989.

[2] 曹才翰. 中学数学教学概论[M]. 北京：北京师范大学出版社，1990：120.

[3] 陈蒲晶，张静，陈英和. 解释数学困难儿童工作记忆特点的新视角——从同中心模型角度探析[J]. 中国特殊教育，2011（1）：18-24.

[4] 陈英和. 关于儿童青少年获得几何概念认知操作的发展研究[D]. 北京：北京师范大学，1992.

[5] 陈英和，仲宁宁，田国胜，王治国. 小学2~4年级儿童数学应用题表征策略差异的研究[J]. 心理发展与教育，2004（4）：19-24.

[6] 陈英和，仲宁宁，赵延芹. 数学应用题规则性研究的新进展[J]. 心理发展与教育，2003（4）：82-85.

[7] 崔吉芳，李嫩晓，陈英和. 数学焦虑影响儿童数学任务表现的作用机制探析[J]. 心理发展与教育，2011（2）：118-125.

[8] 达尔文. 达尔文自传与书信集（上册）[M]. 叶笃庄，孟光裕，译. 北京：科学出版社，1994：100.

[9] 杜珣，孙小礼. 现代数学的特点和意义[J]. 工科数学，1992（2）：1-11.

[10] 古一术. 怎样思考？[J]. 科学爱好者，1980（2）.

[11] 顾竞夫，赵荣鲁，等. 初中代数教学以概括为基础培养学生思维品质的实验报告[M]//林崇德. 中学生能力发展与培养. 北京：北京教育出版社，1992.

[12] 韩璁璁，陈蒲晶，陈英和. 儿童数概念发展的影响因素：表面相似性

效应与标签效应[J]．心理发展与教育，2010（5）：449-456．

[13] 韩瑽瑽，张静，陈英和．2~5岁儿童的数概念发展水平——理解者水平理论的视角[J]．心理科学，2013（5）：1133-1139．

[14] 韩瑽瑽，张静，黄大庆．2~4年级数学困难与普通儿童数量估计能力的比较[J]．中国特殊教育，2010（4）：47-51．

[15] 郝嘉佳，陈英和，陈艺萍，白学军．工作记忆和类比推理与初一年级学生数学成绩的关系：有调节的中介效应[J]．心理与行为研究，2017（4）：495-499．

[16] 郝嘉佳，齐琳，陈英和．小学六年级数学困难儿童的元认知特点及其在应用题解决中的表现[J]．中国特殊教育，2011（2）：52-57．

[17] 黄大庆，陈英和．小学二至六年级数学困难儿童数学认知能力的发展[J]．数学教育学报，2016（2）：70-74．

[18] 黄大庆，张日昇，陈英和．高中生数学焦虑的结构和量表编制[J]．中国临床心理学杂志，2008（2）：144-145+140．

[19] 加德纳．多元智能[M]．沈致隆，译．北京：新华出版社，1999．

[20] 康武．中学生数学问题提出能力[D]．北京：北京师范大学，2003．

[21] 赖颖慧，陈英和，陈聪．视知觉线索对幼儿小数离散量表征的影响[J]．心理发展与教育，2012（4）：337-344．

[22] 赖颖慧，邓小婉，黄大庆，陈英和．儿童早期数学情绪体验及其与数学成绩关系初探[J]．数学教育学报，2016（5）：32-37．

[23] 赖颖慧，尹称心，陈英和．不同任务类型条件下4~6年级儿童比例推理策略的表现[J]．心理发展与教育，2016（4）：385-393．

[24] 赖颖慧，朱小爽，黄大庆，陈英和．3~6年级数学学习困难儿童与正常儿童空间能力的比较[J]．心理与行为研究，2014（1）：36-44．

[25] 李春密．高中生物理实验操作能力的发展研究[D]．北京：北京师范大学，2002．

[26] 连四清，佘岩，王欣．一元二次不等式的特征对其解法迁移的影响[J]．数学教育学报，2014（2）：57-59+100．

[27] 林崇德，姜璐. 中国少年儿童百科全书（科学·技术）[M]. 杭州：浙江教育出版社，1991.

[28] 林崇德. 教育的智慧——写给中小学教师[M]. 北京：开明出版社，1999.

[29] 林崇德. 小学儿童数概念与运算能力发展的研究[J]. 心理学报，1981（3）：289-298.

[30] 林崇德. 学龄前儿童数概念与运算能力发展的研究[J]. 北京师范大学学报：社会科学版，1980（2）：67-77.

[31] 林崇德. 学习与发展——中小学生心理能力发展与培养[M]. 北京：北京教育出版社，1992.

[32] 林崇德，杨治良，黄希庭. 心理学大辞典[M]. 上海：上海教育出版社，2003：74.

[33] 林崇德. 中学生心理学[M]. 北京：北京出版社，1983.

[34] 林崇德. 中学生心理学[M]. 北京：中国轻工业出版社，2013：40-41.

[35] 刘春晖，辛自强. 五—八年级学生分数概念的发展[J]. 数学教育学报，2010，19（5）：59-63.

[36] 刘静和，王宪钿，范存仁，张梅玲. 四至九岁儿童类概念的发展的实验——Ⅰ. 分类与分类命名的实验研究[J]. 心理学报，1963（4）：287-295.

[37] 刘世熠. 我国儿童的脑发展的年龄特征问题[M]//中国心理学会教育心理专业委员会. 教育心理论文选：中国心理学会教育心理专业会议论文选集. 北京：人民教育出版社，1962.

[38] 鲁宾什坦 С Я. 智力落后学生心理学[M]. 朴永馨，译. 北京：人民教育出版社，1984.

[39] 马艳，刘冬云. 图析考点·能力思维导图：初中数学[M]. 修订版. 北京：北京教育出版社，2010.

[40] 皮亚杰. 教育科学与儿童心理学[M]. 傅统先，译. 北京：文化教育

出版社，1981：37.

[41] 史柯. 现代数学的研究对象和特点[J]. 世界科学，1983（1）：16.

[42] 史宁中. 数学思想概论（第1辑）——数量与数量关系的抽象[M]. 长春：东北师范大学出版社，2008.

[43] 斯腾伯格. 成功智力[M]. 吴国宏，钱文，译. 上海：华东师范大学出版社，1999.

[44] 坦普尔. 中国的创造精神——中国的100个世界第一[M]. 陈养正，等，译. 北京：人民教育出版社，2004.

[45] 王宪钿，刘静和，范存仁. 四至九岁儿童类概念的发展的实验——Ⅱ. 儿童分类中的概括特点的实验研究[J]. 心理学报，1964（4）：352-360.

[46] 辛涛. 教师教学监控能力——结构、影响因素及其与学生发展的关系[D]. 北京：北京师范大学，1997.

[47] 辛自强. 儿童在数学问题解决中图式与策略的获得[D]. 北京：北京师范大学，2002.

[48] 辛自强，韩玉蕾. 小学低年级儿童的等值分数概念发展及干预[J]. 心理学报，2014（6）：791-806.

[49] 辛自强，李丹. 小学生在非符号材料上的分数表征方式[J]. 心理科学，2013（2）：364-371.

[50] 辛自强，刘春晖. 数字线和离散物体任务训练对儿童整数偏向的影响[J]. 心理科学，2013（1）：78-85.

[51] 辛自强，张莉. 基于关系—表征复杂性模型的数学应用题表征能力测验[J]. 心理发展与教育，2009（1）：34-40+53.

[52] 辛自强. 中国儿童对分数概念的理解[C]//第十七届全国心理学学术会议论文摘要集，2014.

[53] 徐华，陈英和. 儿童数字线估计研究的述评与前瞻[J]. 心理研究，2012（5）：46-50.

[54] 徐彪. 奥数训练100类举一反三：小学三年级[M]. 南京：南京大学

出版社,2006.

[55] 叶恭绍. 生长发育的一般规律[M]//哈尔滨医科大学. 儿童少年卫生学. 北京：人民卫生出版社,1980：29-35.

[56] 张帆,赖颖慧,陈英和. 儿童数字线表征的发展——心理长度的影响[J]. 心理发展与教育,2015（2）：149-152.

[57] 章建跃. 中学生数学学科自我监控能力——结构、发展及影响因素[D]. 北京师范大学,1999.

[58] 张丽,蒋慧,赵立. 发展性计算障碍儿童的数量转换缺陷[J]. 心理科学,2018（2）：337-343.

[59] 张丽,卢彩芳,杨新荣. 3~6年级儿童整数数量表征与分数数量表征的关系[J]. 心理发展与教育,2014（1）：1-8.

[60] 张令伟,连四清,王晨. 多项式的问题特征对合并同类项迁移的影响[J]. 数学教育学报,2016（3）：93-95+102.

[61] 张令伟,连四清,许云尧. 余弦定理的问题特征对其问题解决类比迁移的影响[J]. 数学通报,2016（9）：19-22.

[62] 张皖,辛自强,陈英和,胡卫平. 集合关系特征对小学生分数乘法应用题表征的影响[J]. 数学教育学报,2016（1）：43-46.

[63] 赵宏,陈英和. 小学4年级儿童多位数乘法策略的特点及其与工作记忆的关系[J]. 心理科学,2010（4）：938-941+912.

[64] 中华人民共和国教育部. 义务教育数学课程标准（2011年版）[M]. 北京：北京师范大学出版社,2012：10-12,66.

[65] 仲宁宁,陈英和,王晶. 小学4~6年级儿童数学应用题表征模型的使用研究[J]. 心理学探新,2014（3）：218-222.

[66] 仲宁宁,陈英和,张晓龙. 儿童数学应用题表征水平的特点研究[J]. 心理科学,2009（2）：293-296.

[67] 周双珠,韩璀璀,陈英和. 数学焦虑影响数学学业成就的作用机制——数学元认知的中介作用[J]. 数学教育学报,2014（5）：14-18.

[68] 朱智贤. 儿童心理学[M]. 北京：人民教育出版社，1962/1979/2018：第一章.

[69] 朱智贤. 关于思惟心理研究的几个基本问题[J]. 北京师范大学学报，1984（1）：1-7.

[70] 朱智贤，林崇德. 思惟发展心理学[M]. 北京：北京师范大学出版社，1986.

[71] Botkin J W, Elmandjra M, Malitza M. No Limits to Learning: Bridging the Human Gap: A Report to the Club of Rome [M]. Oxford: Pergamon Press, 1979.

[72] Brannon E M, Terrace H S. The Evolution and Ontogeny of Ordinal Numerical Ability [M]//Bekoff M, Allen C, Burghardt G M. The Cognitive Animal: Empirical and Theoretical Perspectives on Animal Cognition, Cambridge, MA: MIT Press, 2002.

[73] Carey S. Bootstrapping & the Origins of Concepts [J]. Daedalus, 2004, 133(1): 59-68.

[74] Carey S. Cognitive Foundations of Arithmetic: Evolution and Ontogenesis [J]. Mind & Language, 2001, 16: 37-55.

[75] Carey S. The Origin of Concepts [M]. New York: Oxford University Press, 2009.

[76] Dehaene S. The Number Sense: How the Mind Creates Mathematics [M]. New York: Oxford University Press, 1997.

[77] Dodd D H, White R M. Cognition: Mental Structures and Processes [M]. Boston: Allyn & Bacon, 1980.

[78] Gelman R, Gallistel C R. The Childs Understanding of Number [M]. Cambridge, MA: Harvard University Press, 1978.

[79] Goleman D. Emotional Intelligence [M]. New York: Bantam Books, 1995: 1-40.

[80] Houston J P, et al.. Essentials of Psychology [M]. New York: Academic

Press, 1981.

[81] Lin C, Li T. Multiple intelligence and the structure of thinking [M]. Theory & Psychology, 2003, 13(6): 829-845.

[82] Mayer J D, Salovey P, Caruso D. Models of Emotional Intelligence [M] // Sternberg R J. Handbook of Intelligence. Cambridge: Cambridge University Press, 2000: 396-420.

[83] McCrink K, Wynn K. Ratio Abstraction by 6-Month-Old Infants [J]. Psychological Science, 2007, 18(8): 740-745.

[84] Russell D H. Childrens Thinking [M]. New York: Ginn & Company, 1956.

[85] Stafylidou S, Vosniadou S. The Development of Students' Understanding of the Numerical Value of Fractions [J]. Learning and Instruction, 2004, 14: 503-518.

[86] Torrance E P. Guiding Creative Talent [M]. Englewood Cliffs, NJ: Prentice Hall, 1962.

[87] Vernon P E. The Structure of Human Abilities [M]. London: Methuen & Co. LTD., 1950/1961.

[88] Yawkey T D. The Self-concept of the Young Child [M]. Provo, Utah: Brigham Young University Press, 1980: 151-159.

[89] Zhou X, Chen C, Chen L, Dong Q. Holistic or Compositional Representation of Two-Digit Numbers? Evidence from the Distance, Magnitude, and SNARC Effects in A Number-Matching Task [J]. Cognition, 2008, 106(3): 1525-1536.

[90] Zhou X, Chen C, Dong Q, Zhang H, Chen C, et al.. Numerical Distance Effect in the N240 Component in A Number-Matching Task [J]. NeuroReport, 2006, 17(10): 991-994.

[91] Zhou X, Chen C, Dong Q, Zhang H, Zhou R, et al.. Event-Related Potentials of Single-Digit Addition, Subtraction, and Multiplication [J]. Neuropsychologia, 2006, 44(12): 2500-2507.

[92] Zhou X, Chen C, Zang Y, Dong Q, Chen C, et al.. Dissociated Brain Organizations for Single-Digit Addition and Multiplication [J]. NeuroImage, 2007, 35(2): 871-880.

[93] Zhou X, Chen C, Zhang H, Chen C, Zhou R, Dong Q. The Operand-Order Effect in Single-Digit Multiplication: An ERP Study of Chinese Adults [J]. Neuroscience Letters, 2007, 414(1): 41-44.

[94] Zhou X, Chen Y, Chen C, Jiang T, Zhang H, Dong Q. Chinese Kindergartners' Automatic Processing of Numerical Magnitude in Stroop-Like Tasks [J]. Memory & Cognition, 2007, 35: 464-470.

万千教育 基础教育类书目

书号	书名	著、译者	定价(元)
中小学学科教学指导			
3372	智力发展与数学学习（第二版）	林崇德 著	58.00
3227	阅读教学设计的要诀（第二版）	王荣生 著	58.00
9573	名师课堂教学细节设计艺术	徐杰等 著	36.00
7483	走进快乐语文课堂	潘继云 著	26.00
中小学学科教学指导合计			178.00
小学学科教学指导			
2064	让学生爱上作业（第二版）	刘春生 著	68.00
0681	小学创意写作	郭学萍 著	42.00
9981	让数学变得好玩——小学一二年级数学课堂游戏88例	陈燕云 主编	45.00
8872	钱守旺的小学数学教学主张	钱守旺 著	35.00
7982	小学英语课堂游戏集中营	贺杰 著	28.00
7869	小学作文教学设计方案53例	黄波 著	30.00
7590	我的迷人"语"秘书——小学语文趣味教学12法	黄波 编著	28.00
小学学科教学指导合计			276.00

	中学学科教学指导		
3228	余映潮中学语文教学主张与教学创意	余映潮 著	58.00
0671	余映潮中学语文精品阅读课教学实录	余映潮 著	42.00
8632	王莉的初中作文教学创意	王 莉 著	36.00
8548	不拘一格教语文	史金霞 著	38.00
0143	王雄的中学历史教学主张	王 雄 著	36.00
0088	王永元的中学物理教学主张	王永元 著	32.00
0161	龚海平的中学英语教学主张	龚海平 著	38.00
中学学科教学指导合计			280.00
	教育教学心理系列		
9358	中学生心理学	林崇德 著	60.00
2106	写给教育者的积极心理学（第二版）	任 俊 著	48.00
1791	理解0—12岁儿童的学习 ——应用儿童发展科学的教学策略	赵 琴 译	36.00
1057	应用学习科学 ——心理学大师给教师的建议	盛群力 等 译	38.00
0675	积极心理学走进小学课堂	任 俊 译	56.00
0056	抓住学生注意力的176个课堂小活动	张乃束 译	28.00
0799	激发学生的成就动机 ——引导学生迈向成功的策略	吴艳艳 译	35.00

……
欲了解更多图书信息，请登录：www.wqedu.com
联系地址：北京市西城区三里河路6号院2号楼213室　万千教育
咨询电话：010-65181109，65262933

*本目录定价如有错误或变动，以实际出书为准。